华章IT

HZBOOKS | Information Technology

数据分析与决策
技术丛书

R Data Analysis Cookbook

R数据分析秘笈

[美]　维西瓦·维斯瓦纳坦（Viswa Viswanathan）　　著
　　　珊蒂·维斯瓦纳坦（Shanthi Viswanathan）

鱼翔　译

机械工业出版社
China Machine Press

图书在版编目（CIP）数据

R数据分析秘笈／（美）维斯瓦纳坦（Viswanathan, V.），（美）维斯瓦纳坦（Viswanathan, S.）著；鱼翔译 . —北京：机械工业出版社，2016.3

（数据分析与决策技术丛书）

书名原文：R Data Analysis Cookbook

ISBN 978-7-111-53173-9

I. R… II. ① 维… ② 维… ③ 鱼… III. 程序语言－程序设计 IV. TP312

中国版本图书馆CIP数据核字（2016）第045174号

R数据分析秘笈

出版发行：机械工业出版社（北京市西城区百万庄大街22号 邮政编码：100037）			
责任编辑：李 艺		责任校对：董纪丽	
印　　刷：北京诚信伟业印刷有限公司		版　　次：2016年4月第1版第1次印刷	
开　　本：186mm×240mm 1/16		印　　张：17.25	
书　　号：ISBN 978-7-111-53173-9		定　　价：59.00元	

凡购本书，如有缺页、倒页、脱页，由本社发行部调换

客服热线：（010）88379426 88361066 　　　投稿热线：（010）88379604

购书热线：（010）68326294 88379649 68995259 　　读者信箱：hzit@hzbook.com

版权所有 · 侵权必究

封底无防伪标均为盗版

本书法律顾问：北京大成律师事务所 韩光／邹晓东

尽管仍然受到战争、饥饿、环境等问题的困扰，但无法否认的是，人类正处于历史上最好的时代。得益于计算机和数据处理技术的飞速发展，以自动驾驶汽车、Siri 语音助手、随时随地的手机支付等为代表的现代技术应用正将人类照顾得无微不至。对于数学、统计、计算机专业的人来说，这更是一个最好的时代，因为我们有幸见证了机器学习、自然语言处理、高速计算机集群的大规模应用，并实实在在地改变了我们的世界。

数据分析对于业界有没有用？有多大用处？从 20 世纪末的冷遇到现在的如日中天，我相信很多人都感受到了整个世界对于数据价值理解的巨大变化。在这十多年中，R 作为数据科学最为青睐的语言之一，迅速地从学界渗透到业界，发展壮大。

一直以来，R 最大的优势就是全球统计界（现在应该还要加上数据科学界）的强力支持（截至我写这篇序的这一刻，CRAN 上已经有 7514 个包）。这一点是任何其他数据分析工具所不可比拟的（比如 SAS、Python、SPSS 等）。除此之外，R 的灵活和开放性也使它能够很好地与其他语言和数据库沟通，以及处理非结构化的数据。

自从 2008 年我在美留学期间接触到 R 语言以来，不知不觉已经是第 8 个年头，而中国的 R 语言大会也已经如火如荼地开到了第八届。这几年中，我有幸目睹了 R 在学术界和业界的迅速发展，看到了一批又一批的优秀人才涌入到数据科学的浪潮中，而我自己也从 R 语言的学习者逐渐转向了它的传播者。这几年来，我在大学教授统计 / 数据分析课程，并为业界解决一些实际问题。以我浅薄的经验来看，一方面，就业市场对于统计类人才的渴望越来越强烈；然而另一方面，统计系毕业的学生又很少能在毕业时拥有在实际环境中处理数据的能力。原因是多方面的，比较重要的一点是，很多学校在教授统计 / 数据分析类课程的时候，缺少真实环境下的分析能力培养，教材也多偏重于统计理论或者 R 语言的基础，合适的教材比较匮乏。我也曾考虑将这几年教学和实践中对于数据处理的一些流程技巧整理编成一个小册子，但未能完成。

当看到本书的目录时，我立刻感觉到非常强烈的共鸣——Viswa Viswanathan 教授已经将 R 数据分析完美呈现。从各类源数据的读入和调整，数据分析前的准备工作、清洗、转换，到面向各类需求的各种模型，再到能够显著提高效率的自动化报告系统 knitr 和交互式可视化系统 shiny，最后到与 Java、MySQL、MongoDB 和 Excel 之间的配合工作，本书为初级和中级数据分析师准备了八十多种方法，帮助他们完成真实场景中的各项任务。

同时，书中的每一个章节都相对独立，作者为其设定了非常清晰的内容结构，尽量减少读者不停翻阅前文的情况（当然，第一次从头到尾读下来的读者可能会觉得这位严谨的教授有点烦，但当你在半年后需要查询书中的某一个方法时，也许会改变这一想法）。

最后，我想在此感谢我的父母和我的妻子，在我常常翻译到深夜的日子里，是他们无微不至地照顾一岁多的小朋友。我也要感谢 Rigi，你为这个家庭带来了无数的欢乐，希望你健康快乐地成长。

——2015 年 11 月 23 日，写于第八届中国 R 语言大会之后

About the Authors 作者简介

Viswa Viswanathan 是西顿霍尔大学斯蒂尔曼商学院计算和决策科学系的一名副教授。在获得人工智能领域的博士学位之后，Viswa 先从事了十多年学术工作，接下来的十几年在软件行业高就。在这段时间中，他曾就职于 Infosys、Igate 和 Starbase 公司。他于 2011 年重新回归学术界。

Viswa 在非常广泛的领域中开展教学，包括运筹学、计算机科学、软件工程、管理信息系统，以及企业系统。除了在大学中教学之外，Viswa 还负责专业人士的培训项目。他有多篇同行评议的研究论文发表在《Operations Research》《IEEE Software》《Computers and Industrial Engineering》以及《International Journal of Artificial Intelligence in Education》等期刊上。他也编写了《Data Analytics with R: A hands-on approach》一书。

Viswa 非常享受亲自动手开发软件的过程，并且独立构思、搭建、开发、部署了几个基于网络的应用程序。

除了对数据分析、人工智能、计算机科学、软件工程等技术领域有深厚的兴趣之外，Viswa 也对教育有浓厚的兴趣，特别关注学习的根源和培养更深入学习的方法。他已经在这个领域做了不少研究并希望在未来继续研究这一学科。

Viswa 想对 Amitava Bagchi 和 Anup Sen 教授表示由衷的感激，他们在 Viswa 的早期研究生涯中鼓舞了他。同时，他也很感激几个非常聪明的同事，比如 Rajesh Venkatesh、Dan Richner 和 Sriram Bala，他们极大地影响了他的思想。他的婶婶 Analdavalli，他的姐妹 Sankari，以及他的妻子 Shanthi，在辛勤工作上教会了他很多，即便他只吸收了一点皮毛也觉得受益匪浅。他的儿子 Nitin 和 Siddarth 也在很多主题上给出了不计其数的深刻评论。

Shanthi Viswanathan 是一位经验丰富的技术专家，她为许多企业客户提供技术管理和企业结构咨询。她曾工作于 Infosys、Oracle 和 Accenture 公司。作为一名顾问，Shanthi 为一些大型机构，比如 Canon、Cisco、Celgene、Amway、Time Warner Cable 和 GE 等，在数据架构和分析，高级数据管理，面向服务的架构，商业流程管理，以及建模等方面提供帮助。当她空闲时，Shanthi 会在纽约州和新泽西州的郊外徒步旅行，摆弄园艺，以及教授瑜伽。

Shanthi 想要感谢她的丈夫 Viswa，在他们一起徒步旅行时关于各种主题展开的深入讨论；以及将她带入 R 和 Java 的世界。她也要感谢她的儿子 Nitin 和 Siddarth 使她进入了数据分析领域。

Kenneth D. Graves 相信数据科学会带给我们超能力。或者至少能让我们做出更好的决策。他在数据科学和技术上拥有超过 15 年的丰富经验，特别擅长机器学习、大数据、信号处理和营销，以及社会媒体分析。他曾就职于财务 500 强公司，比如哥伦比亚广播公司和美国无线电公司，以及金融和技术类公司，致力于设计最新的技术和数据解决方案来优化商业和企业决策流程并提高产出。他的项目包括脸部及品牌识别，自然语言处理，以及预测分析。他使用 R、Python、C++、Hadoop 和 SQL 这些语言工作，并指导他人。

Kenneth 在数据科学、商业、电影、古典语言方面都拥有学位或认证。当他没有致力于发现超能力的时候，他是一名数据科学家，并在 Soshag——一家社会媒体分析公司担任 CTO。他也参与大波士顿地区的咨询和数据科学项目。目前他居住在马萨诸塞州的韦尔斯利。

我想感谢我的妻子 Jill，她是我所做的一切的灵感来源。

Jithin S L 在 Loyoia 理工大学获得了他的信息技术学士学位。他在分析领域开始了他的职业生涯，随后转向了多个大数据技术垂直领域。他在多家知名企业工作，例如汤姆森路透、IBM、Flytxt 等。他的工作涉及银行业、能源、保健以及电信领域，并且参与过大数据技术的全球项目。

他在国内和国际会议上发表过多篇技术和商业领域的研究论文。目前，Jithin 是 IBM 公司的系统分析师——商业分析中的大数据大视野和优化单元。

"改变能让我们思考超过人类极限的事物，恐惧改变同时也提供了以崭新的方式学到崭新事物的机会，试验、探索，以及通往成功的机遇。"

——Jithin

我要将本书献给我的父亲 N. Subbian Asari、我挚爱的母亲 M. Lekshmi，以及我可爱的妹妹 S.L Jishma；有了他们的协助和鼓励我才能评审完这本书。最后但同样重要的是，我想感谢我所有的朋友。

Dipanjan Sarkar 是世界上最大的半导体公司 Intel 的一位 IT 工程师，他负责分析和企业程序开发的工作。作为目前业界经验的一部分，他曾在印度一家新兴的大数据分析初创公司 DataWeave 担任数据工程师，并在研究生期间在 Intel 实习。

Dipanjan 从 Bengaluru 的国际信息技术学院获得了硕士学位。他的兴趣包括研究新技术、颠覆性的初创公司，以及数据科学。他也审校了《Learning R for Geospatial Analysis》一书。

Hang (Harvey) Yu 毕业于伊利诺伊大学厄巴纳 – 尚佩恩分校并获得了计算生物物理学博士学位和统计学硕士学位。他在数据挖掘、机器学习和统计方面都有着丰富的经验。过去，作为学术工作的一部分，Harvey 涉及的领域包括随机过程模拟和时间序列（使用 C 和 Python）。他着迷于算法和数学建模。之后他进入了数据分析领域。

他目前是硅谷的一名数据科学家。他对数据科学满怀热情。他基于 R 中的优化方法和预测模型开发了一些统计 / 数学模型。在这之前 Harvey 在 ExxonMobil 实习。

不编程时，他会踢足球，阅读科幻书籍，或者听古典音乐。可以通过 hangyu1@illinois.edu 或者 LinkedIn 网址 www.linkedin.com/in/hangyu1 来联系他。

作为一种统计计算、数据分析和绘图环境，自从 2000 年 1.0 版本问世以来，R 的流行度获得了指数级的增长。一些电子表格用户想要完成电子表格软件无法实现的功能，或需要处理的数据量大到电子表格软件无法方便地完成，他们寄希望于 R。类似地，商业分析软件用户也被这个免费且强大的选项所吸引。于是，一大群人目前正寄希望于用 R 快速处理事务。

作为一个可扩展的系统，R 的功能分布在众多的包中，每一个包囊括了大量函数。即使是经验丰富的使用者也很难将所有的细节记在脑海中。本书旨在为已有一定基础的 R 用户提供现成的方法来实现很多重要的数据分析任务。当面对一个特定任务时，用户可以在几分钟内找到合适的方法并实施，而不必在互联网或众多书籍中苦苦搜索。

本书涵盖以下内容

第 1 章涵盖了进行真正的数据分析任务之前的准备工作。本章提供了从不同源文件格式中读取数据的方法。此外，在实际分析数据前，我们执行了几个预处理和数据清洗步骤，本章还提供了以下任务的处理方法：处理缺失值和重复值、数值的缩放或标准化、在数值型变量和分类变量之间的转换，以及创建哑变量。

第 2 章讨论了分析师在实施特定的分析手段之前常用来理解数据的几种做法。本章提供了用于汇总数据、分割数据、抽取子集和建立随机数据分块的方法，也提供了使用标准化图像来展现潜在模式的方法，还提供了使用 `lattice` 和 `ggplot2` 包绘图的方法。

第 3 章涵盖了运用分类技术的方法。本章包括分类树、随机森林、支持向量机、朴素贝叶斯、K 最近邻、神经网络、线性和二次判别分析，以及逻辑回归。

第 4 章是关于回归技术的方法。本章包括 K 最近邻、线性回归、回归树、随机森林和神经网络。

第 5 章介绍了数据简化的方法。本章提供了通过 K- 均值和系统聚类的聚类分析手段，同时也涵盖了主成分分析。

第 6 章包含了一些技巧，包括处理日期和日期 / 时间对象，创建时间序列对象并画图，时间序列的分解、滤波和平滑，以及执行 ARIMA 分析。

第 7 章讨论了社交网络。本章介绍如何通过公共 API 获取社交网络数据，创建、绘制社交网络图，并计算重要的网络度量指标。

第 8 章讨论了呈现分析结果的技术。本章包含以下方法：使用 R Markdown 和 knitR 来创建报告，通过使用 shiny 创建交互式应用使读者直接与数据进行交互，用 RPres 创建幻灯片。

第 9 章解决了面对大型数据时如何书写高效且简洁的 R 代码的问题。本章包含了通过 apply 系列函数、plyr 包和数据表来切割数据的方法。

第 10 章包含了开拓 R 在处理空间数据上的强大功能的主题。本章涵盖了以下方法：通过 RGoogleMaps 来获取 GoogleMaps 数据并且在其上添加自有数据，导入 ESRI 形状文件并绘图，从 maps 包中导入地图数据，利用 sp 包创建并绘制空间数据框对象。

第 11 章包含了 R 与其他系统的交互。本章包含了 R 与 Java、Excel、关系型数据库和非关系型数据库（分别以 MySQL 和 MongoDB 为例）之间的连接。

阅读须知

本书中的所有代码均在 R 3.0.2 (Frisbee Sailing) 版本和 3.1.0 (Spring Dance) 版本上测试通过。当安装或者载入某些包时，你也许会得到警告消息，提示你这些代码是为不同的版本编译的，不过这并不会实际影响本书中的任何代码。

本书面向的读者对象

本书非常适合于那些已经有一定的 R 基础，但尚无将 R 广泛用于各种数据分析的经验，同时希望快速入门分析任务的读者。本书有助于在下列几个方面提高分析技巧的人士：

- ❏ 实现高级分析并创建信息充实的专业图表。
- ❏ 熟练地从各种来源获取数据。
- ❏ 应用监督型和无监督型的数据挖掘技术。
- ❏ 使用 R 的功能来呈现专业的分析报告。

每章的内容安排

在本书中，你会发现有几个标题是频繁出现的（准备就绪、要怎么做、工作原理、更多细节、参考内容）。

为了让读者在完成一个方法时获得清晰的指导，我们采用了以下内容编排方式：

准备就绪

这一节会给出内容概述，并且会描述如何准备好本节所需的软件以及任何其他前期准备工作。

要怎么做

这一节包含了完成方法所需的步骤。

工作原理

这一节通常包含了前一节中每一步的具体解释。

更多细节

这一节包含了关于所用方法的额外信息，以便让读者获得一个更加全面的认识。

参考内容

这一节提供了其他有用信息的链接。

本书约定

在本书中，你会发现我们使用不同类型的字体来区分不同类型的信息。下面有一些例子和解释。

文字形式的代码、数据库表名、文件夹名、文件名、文件扩展名、路径名、URL、用户输入和 Twitter 账户展示如下：

"函数 read.csv() 从 .csv 文件的数据中创建了一个数据框。"

代码块写成如下形式：

```
> names(auto)

[1] "No"           "mpg"          "cylinders"
[4] "displacement" "horsepower"   "weight"
[7] "acceleration" "model_year"   "car_name"
```

命名行的输入和输出写成如下格式：

```
export LD_LIBRARY_PATH=$JAVA_HOME/jre/lib/server
export MAKEFLAGS="LDFLAGS=-Wl,-rpath $JAVA_HOME/lib/server"
```

提示 小提示和小技巧出现在这里。

本书相关资源下载

下载代码范例和数据

本书提供代码范例和数据下载，读者可登录华章网站（www.hzbook.com）关于本书的页面获取相关资源。

关于本书中用到的数据

我们已经生成了本书中用到的很多数据文件。我们也使用了一些公开可获取的数据集。下表列出了这些公开的数据集。大部分公开数据集来自于加州大学欧文分校的机器学习库 http://archive.ics.uci.edu/ml/。表中我们用"下载自 UCI-MLR"来标志这些数据集。

数据文件名	来　源
auto-mpg.csv	Quinlan, R. Combining Instance-Based and Model-Based Learning, Machine Learning Proceedings on the Tenth International Conference 1993, 236-243, held at University of Massachusetts, Amherst published by Morgan Kaufmann.（下载自 UCI-MLR）
BostonHousing. csv	D. Harrison and D.L. Rubinfeld, Hedonic prices and the demand for clean air, Journal for Environmental Economics a Management, pages 81–102, 1978.（下载自 UCI-MLR）
daily-bike- rentals.csv	Fanaee-T, Hadi, and Gama, Joao, Event labeling combining ensemble detectors and background knowledge, Progress in Artificial Intelligence (2013): pp. 1-15, Springer Berlin Heidelberg.（下载自 UCI-MLR）
banknote- authentication. csv	• 数据库来源：Volker Lohweg, University of Applied Sciences, Ostwestfalen-Lippe • 数据库捐赠：Helene Darksen, University of Applied Sciences, Ostwestfalen-Lippe （下载自 UCI-MLR）
education.csv	Robust Regression and Outlier Detection, P. J. Rouseeuw and A. M. Leroy, Wiley, 1987.（下载自 UCI-MLR）
walmart.csv walmart- monthly.csv	下载自 Yahoo! 金融
prices.csv	下载自美国劳工统计局
infy.csv, infy- monthly.csv	下载自 Yahoo! 金融
nj-wages.csv	下载自新泽西州教育部网站以及 http://federalgovernmentzipcodes.us.
nj-county-data. csv	改编自维基百科：http://en.wikipedia.org/wiki/List_of_counties_in_New_Jersey

下载本书中的彩色图片

我们为你提供了本书中用到的截图和图表的彩色 PDF 文件。这些彩图有助于你更好的理解输出中的变化。可以从 https://www.packtpub.com/sites/default/files/ downloads/9065OS_ColorImages.pdf 下载这个文件，也可以登录华章网站获取相关内容。

目 录 *Contents*

第 1 章 *Chapter 1*

获取并准备好材料——数据

1.1 引言

数据分析师需要从多种输入格式中加载数据到 R。尽管 R 有其自有的原生的数据格式，很多数据常常以文本格式存在，比如 CSV（逗号分隔值）格式、JSON（JavaScript 对象标注）格式，以及 XML（可扩展标记语言）格式。本章提供的方法可将这些类型的数据读入 R 从而可以在其上运行算法。

在导入数据之后，我们很少能直接开始分析数据。通常我们需要在分析之前做一些清洗和数据转换的工作。本章为一些常用的清洗处理流程提供了方法。

1.2 从 csv 文件中读取数据

文件最适合用来表述一组或一系列具有完全一致的属性列表的记录。它对应着关系型数据库中的单一关系或者典型电子表格中的数据。

准备就绪

如果你还没有下载本章的数据文件，那么现在去下载然后确保将 `auto-mpg.csv` 放置在你的 R 工作目录中。

要怎么做

用以下命令从 csv 文件中读取数据：

1）读取 auto-mpg.csv，包括抬头行：

```
> auto <- read.csv("auto-mpg.csv", header=TRUE, sep = ",")
```

2）验证结果：

```
> names(auto)
```

工作原理

read.csv 函数从 .csv 文件中创建了一个数据框。当我们传递了参数 header=TRUE，则这个函数用第一行来命令数据框的变量：

```
> names(auto)

[1] "No"             "mpg"          "cylinders"
[4] "displacement"  "horsepower"   "weight"
[7] "acceleration"  "model_year"   "car_name"
```

参数 header 和 sep 可以指定 .csv 文件是否有抬头以及用于分隔不同属性的字符是什么。对于 read.csv() 函数，其默认参数为 header=TRUE 和 sep=","。我们可以在本例中省略这部分代码。

更多细节

read.csv() 函数是 read.table() 的一个特殊形式。后者使用空格作为默认的属性分隔符。我们将会讨论这些函数的一些重要的可选参数。

1. 处理不同的列分隔符

在一些国家和地区，逗号用于表示十进制分隔符，而 .csv 文件使用 ";" 作为属性分隔符。当处理这样的数据时，我们使用 read.csv2() 将数据导入 R 中。

或者也可以用 read.csv("<file name>", sep=";", dec=",") 命令。对于 tab 分隔符文件，使用 sep="\t" 参数。

2. 处理列名 / 变量名

如果你的数据没有列名，使用 header=FALSE 这个参数。

auto-mpg-noheader.csv 文件不包括抬头行，下述第一条命令读取了文件。本例中，R 为变量赋予了默认变量名 V1、V2 等：

```
> auto  <- read.csv("auto-mpg-noheader.csv", header=FALSE)
> head(auto,2)

  V1 V2 V3  V4 V5   V6   V7 V8                  V9
1  1 28  4 140 90 2264 15.5 71 chevrolet vega 2300
2  2 19  3  70 97 2330 13.5 72     mazda rx2 coupe
```

如果你的文件没有抬头行，而你又省略了 header=FALSE 这个选项，则 read.csv()

函数会将第一行作为变量名，并且变量名的构建方法为第一行数据值前面加上 X。请注意下述片段中无意义的变量名：

```
> auto  <- read.csv("auto-mpg-noheader.csv")
> head(auto,2)

  X1 X28 X4 X140 X90 X2264 X15.5 X71 chevrolet.vega.2300
1  2  19  3   70  97  2330  13.5  72          mazda rx2 coupe
2  3  36  4  107  75  2205  14.5  82             honda accord
```

我们可以用可选参数 col.names 来指定列名。当直接给出 col.names 时，即使 header=TRUE 被指定，抬头行中的名字也会被忽略：

```
> auto <- read.csv("auto-mpg-noheader.csv",
    header=FALSE, col.names =
      c("No", "mpg", "cyl", "dis","hp",
        "wt", "acc", "year", "car_name"))

> head(auto,2)

  No mpg cyl dis hp   wt  acc year          car_name
1  1  28   4 140 90 2264 15.5   71 chevrolet vega 2300
2  2  19   3  70 97 2330 13.5   72     mazda rx2 coupe
```

3. 应对缺失值

当从文本文件中读入数据时，R 将数据型变量中的空格记为 NA（缺失值的记号）。默认情况下，分类型变量中的空格会被记为空格而非 NA。若要将分类或字符变量中的空格也记为 NA，可以设置参数 na.strings=""：

```
> auto  <- read.csv("auto-mpg.csv", na.strings="")
```

若数据文件使用一种特别的字符串（比如 "N/A" 或 "NA"）。你可以用参数 na.strings 来指定它。比如 na.strings= "N/A" 或 na.strings = "NA"。

4. 将字符串读取为字符而非因子

默认情况下，R 认为字符串代表了因子。有些情况下，你也许希望将它们继续保留为字符串。你可以通过设置参数 stringsAsFactors=FALSE 来实现这个目的：

```
> auto <- read.csv("auto-mpg.csv",stringsAsFactors=FALSE)
```

为了有选择地将变量作为字符串来处理，可以用默认设置导入数据（即读入字符串为因子），然后用 as.character() 来转换指定的因子变量为字符变量。

5. 直接从网站上读取数据

当数据文件可以从网站上获取时，你可以直接在 R 中导入它而不需要先下载到本地后再导入 R：

```
> dat <- read.csv("http://www.exploredata.net/ftp/WHO.csv")
```

1.3   读取 XML 数据

你有时候可能需要从网站上抽取信息。很多数据提供者也同时提供 XML 和 JSON 格式的数据。在本方法中，我们学习如何读取 XML 数据。

准备就绪

如果你还没安装 XML 包，那么现在用下列命令安装它：

```
> install.packages("XML")
```

要怎么做

数据可用如下步骤读入：

1）载入包和初始化：

```
> library(XML)
> url <- "http://www.w3schools.com/xml/cd_catalog.xml"
```

2）解析 XML 文件得到根节点：

```
> xmldoc <- xmlParse(url)
> rootNode <- xmlRoot(xmldoc)
> rootNode[1]
```

3）抽取 XML 数据：

```
> data <- xmlSApply(rootNode,function(x) xmlSApply(x, xmlValue))
```

4）将抽取出的数据转换成数据框：

```
> cd.catalog <- data.frame(t(data),row.names=NULL)
```

5）验证结果：

```
> cd.catalog[1:2,]
```

工作原理

xmlParse 函数返回一个属于 XMLInternalDocument 类的对象，这是一个 C 级的内在数据结构。

xmlRoot() 函数可以连接到根节点和它的元素。我们查看根节点的第一个元素：

```
> rootNode[1]

$CD
<CD>
  <TITLE>Empire Burlesque</TITLE>
  <ARTIST>Bob Dylan</ARTIST>
  <COUNTRY>USA</COUNTRY>
  <COMPANY>Columbia</COMPANY>
  <PRICE>10.90</PRICE>
  <YEAR>1985</YEAR>
</CD>
attr(,"class")
[1] "XMLInternalNodeList" "XMLNodeList"
```

为了从根节点抽取数据。我们在根节点的所有子节点上迭代使用 xmlSApply() 函数。xmlSApply 函数返回一个矩阵。

为了将此矩阵转换成一个数据框，我们用 t() 函数将其转置，然后从 cd.catalog 中抽取出前两行：

```
> cd.catalog[1:2,]
              TITLE       ARTIST COUNTRY      COMPANY PRICE YEAR
1 Empire Burlesque    Bob Dylan     USA     Columbia 10.90 1985
2  Hide your heart Bonnie Tyler      UK CBS Records  9.90 1988
```

更多细节

XML 数据可以深度嵌套，因此抽取工作会很复杂。了解 XPath 会有助于连接到指定的 XML 标签。R 提供了 xpathSApply 和 getNodeSet 等几个函数来定位一些指定的元素。

1. 从网页上抽取 HTML 表格数据

尽管可以把 HTML 数据看成一种特殊形式的 XML，R 仍然提供了用以抽取 HTML 表格的专用函数，如下所示：

```
> url <- "http://en.wikipedia.org/wiki/World_population"
> tables <- readHTMLTable(url)
> world.pop <- tables[[5]]
```

readHTMLTable() 函数分析了网页并返回了所有表格的一个列表。对于有 id 属性的表格，这个函数将 id 属性作为列表元素的名称。

我们对抽取"10 个最受欢迎的国家"这个信息很感兴趣，它是第五张表格，因此我们用 tables[[5]].

2. 从网页上抽取一个单独的 HTML 表格

可用下列命令抽取出一个单独的表格：

```
> table <- readHTMLTable(url,which=5)
```

用 which 来指定从某一个表格采集数据。R 返回一个数据框。

1.4 读取 JSON 数据

一些网站令人欣慰地提供了可返回为 JSON 格式的数据。在某些方面，这个格式比 XML 更加简单，更加有效。这里的方法展示了如何读取 JSON 数据。

准备就绪

R 提供了几个包来读取 JSON 数据。我们使用 jsonlite 包。可用以下命令在你的 R 环境中安装这个包：

```
> install.packages("jsonlite")
```

如果你还没有下载本章数据文件，现在去下载，然后确保将 students.json 和 student-courses.json 放置在你的 R 工作目录中。

要怎么做

当文件都准备好之后，用以下命令载入 jsonlite 包，并读取文件：

1）载入包：

```
> library(jsonlite)
```

2）从文件中载入 JSON 格式的数据：

```
> dat.1 <- fromJSON("students.json")
> dat.2 <- fromJSON("student-courses.json")
```

3）从网页中载入 JSON 格式的文件：

```
> url <- "http://finance.yahoo.com/webservice/v1/symbols/
allcurrencies/quote?format=json"
> jsonDoc <- fromJSON(url)
```

4）将数据抽取到数据框中：

```
> dat <- jsonDoc$list$resources$resource$fields
> dat.1 <- jsonDoc$list$resources$resource$fields
> dat.2 <- jsonDoc$list$resources$resource$fields
```

5）验证结果：

```
> dat[1:2,]
> dat.1[1:3,]
> dat.2[,c(1,2,4:5)]
```

工作原理

jsonlite 包提供了两个核心函数 fromJSON 和 toJSON。

就像步骤 2 和步骤 3 展示的那样，fromJSON 函数可以直接从文件或者网上读取数据。如果你从网上下载内容时出错，那么安装并加载 httr 包。

根据 JSON 文件的结果，加载数据的复杂程度不一。

给定 URL 之后，fromJSON 返回一个列表对象。在之前的步骤 4 中，我们已经知道如何抽取出一个数据框。

1.5　从定宽格式文件中读取数据

在定宽格式文件中，每一列都有固定的宽度。若一个数据元素没有用到整个所属宽度，则数据元素会后接空格来达到指定的宽度。为了读取一个定宽的文本文件，我们需要指定每列的宽度或每列的起始位置。

准备就绪

下载本章的数据文件并将 student-fwf.txt 放置在你的 R 工作目录中。

要怎么做

用以下命令读取定宽文件：

```
> student  <- read.fwf("student-fwf.txt",
    widths=c(4,15,20,15,4),
      col.names=c("id","name","email","major","year"))
```

工作原理

在 student-fwf.txt 文件中，第一列横跨了 4 个字符位置。第二列横跨了 15 个，等等。c(4,15,20,15,4) 这个表达式制订了文件中 5 列的宽度。

我们用可选的 col.names 参数来提供所需的变量名。

更多细节

read.fwf() 函数包括几个方便的可选参数。我们现在来讨论其中一些参数。

1. 包含抬头的文件

处理包含抬头的文件需要使用以下命令：

```
> student  <- read.fwf("student-fwf-header.txt",
    widths=c(4,15,20,15,4), header=TRUE, sep="\t",skip=2)
```

若 header=TRUE，文件的第一行被解释为列名。当列名存在时，需要用 sep 参数来指定列名之间的分隔符。这个 sep 参数只应用与抬头行。

skip 参数用于指明需要跳过多少行；在本章的方法中，前两行被跳过了。

2. 从数据中排除某些列

负的列宽可以将这一列排除在外。因此，如果要排除 e-mail 这一列，我们指定其宽度为 –20 并将它的列名从 col.names 中删除。

```
> student <- read.fwf("student-fwf.txt",widths=c(4,15,-20,15,4),
    col.names=c("id","name","major","year"))
```

1.6 从 R 数据文件和 R 库中读取数据

在数据分析中，你会创建一些 R 对象，可以将其保存为原生的 R 数据格式，并在之后需要时将其导入。

准备就绪

首先，用以下命令创建并保存 R 对象，你必须确保你在 R 工作目录中有写入权限：

```
> customer <- c("John", "Peter", "Jane")
> orderdate <- as.Date(c('2014-10-1','2014-1-2','2014-7-6'))
> orderamount <- c(280, 100.50, 40.25)
> order <- data.frame(customer,orderdate,orderamount)
> names <- c("John", "Joan")
> save(order, names, file="test.Rdata")
> saveRDS(order,file="order.rds")
> remove(order)
```

保存这些代码之后，用 remove() 函数从当前工作对话中删除对象。

要怎么做

通过如下步骤，从 R 文件和库中读取数据：

1）从 R 数据文件和库中载入读取数据：

```
> load("test.Rdata")
> ord <- readRDS("order.rds")
```

2）R 会默认加载 datasets 包，其中包含 iris 和 cars 数据集。用如下命令将这些数据加载到内存中：

```
> data (iris)
> data (list = c("cars", "iris"))
```

第一行命令只加载了 iris 数据集，第二行命令加载了 cars 和 iris 数据集。

工作原理

save() 函数可以通过指定对象名称和版本名称来将对象保存为不同版本的格式。后续的 load() 函数可以通过对象的保存名来还原保存的对象。默认情况下还原到全局环境中。如果环境中存在同名对象，则它们会被直接替换而不会有警告信息。

saveRDS() 函数只能保存一个对象。它只保存对象而不保存对象名。因此通过 readRDS() 函数将保存的对象还原时可能会被赋予不同的变量名。

更多细节

前述方法已经展示了如何读取已保存的 R 对象。在这一节中我们将看到更多的选择。

1. 保存一次会话中的所有对象

下列命令被用来保存所有对象：

```
> save.image(file = "all.RData")
```

2. 在一次会话中有选择地保存对象

用以下命令来选择性地保存对象：

```
> odd <- c(1,3,5,7)
> even <- c(2,4,6,8)
> save(list=c("odd","even"),file="OddEven.Rdata")
```

list 参数可以指定一个包含了需要保存的对象名的字符向量，然后，从 OddEven.Rdata 文件载入数据会创建对象 odd 和 even。saveRDS() 函数一次只能保存一个对象。

3. 为工作环境加载 / 卸载 R 数据文件

当载入 Rdata 文件时，如果我们想被告知当前环境中是否有同名对象，可以使用：

```
> attach("order.Rdata")
```

order.Rdata 文件中包含对象 order。如果当前环境中已经有一个名为 order 的对象，则我们得到如下警告信息：

```
The following object is masked _by_ .GlobalEnv:

    order
```

4. 列出已加载包中的所有数据集

可以用如下命令列出所有已载入的包中包含的数据集：

```
> data()
```

1.7 删除带有缺失值的样本

数据集会包含数据不一的缺失值。当有足够多的数据时，我们有时（并不总是）希望删除那些包含一个或者多个缺失变量的样本。有时我们也会希望有选择地删除那些在一个指定变量上有缺失值的样本。

准备就绪

下载 missing-data.csv 文件并放入你的 R 工作目录中。从 missing-data.csv 文件中读取数据时需要仔细定义代表缺失值的字符串。在我们的文件中，缺失值用空字符串代表：

```
> dat <- read.csv("missing-data.csv", na.strings="")
```

要怎么做

为了得到一个由不含任何缺失值的样本所组成的数据框，可以使用 na.omit() 函数：

```
> dat.cleaned <- na.omit(dat)
```

现在，dat.cleaned 只包含 dat 中无任何缺失值的样本。

工作原理

na.omit() 函数内部调用了 is.na() 函数，这个函数允许我们来发现其参数是否为 NA 的。当其作用于一个单一值，则返回一个布尔值。当其作用于一组值，则返回一个向量：

```
> is.na(dat[4,2])
[1] TRUE

> is.na(dat$Income)
 [1] FALSE FALSE FALSE FALSE FALSE  TRUE FALSE FALSE FALSE
[10] FALSE FALSE FALSE  TRUE FALSE FALSE FALSE FALSE FALSE
[19] FALSE FALSE FALSE FALSE FALSE FALSE FALSE FALSE FALSE
```

更多细节

有时候你需要做的不仅仅是简单地删除包含任何缺失值的样本。我们在这一节中讨论几个选择。

1. 删除那些在选定的变量上有缺失值的样本

有时候我们需要有选择地删除那些仅仅在某个变量上是缺失的样本。这个例子数据框的 income 变量中有两个缺失值。为了得到一个只删除这两个样本的数据框，可以使用：

```
> dat.income.cleaned <- dat[!is.na(dat$Income),]
> nrow(dat.income.cleaned)
[1] 25
```

2. 找出不含缺失值的样本

complete.cases() 函数将数据框或者表格作为参数并返回一个布尔向量，其值为真代表了对应行不含缺失值，其值为假代表了对应行有缺失值：

```
> complete.cases(dat)

 [1]  TRUE  TRUE  TRUE FALSE  TRUE FALSE  TRUE  TRUE  TRUE
[10]  TRUE  TRUE  TRUE FALSE  TRUE  TRUE  TRUE FALSE  TRUE
[19]  TRUE  TRUE  TRUE  TRUE  TRUE  TRUE  TRUE  TRUE  TRUE
```

第 4、6、13 和 17 行至少有一个缺失值，除了使用 na.omit() 函数，也可以用如下做法：

```
> dat.cleaned <- dat[complete.cases(dat),]
> nrow(dat.cleaned)
[1] 23
```

3. 将特定值转换为 NA

有时候，我们知道数据框中的某个特定值其实意味着数据不存在。例如 dat 数据中的 income 变量的值为 0 可能就意味着数据缺失。我们可以用一个简单的赋值来将这些 0 转换为 NA。

```
> dat$Income[dat$Income==0] <- NA
```

4. 在计算时排除缺失值

很多 R 函数在处理缺失数据时会得到 NA 的返回值。例如，计算一个包含至少一个 NA 值的向量的均值或者标准差就会返回 NA 值。为了将 NA 值排除在计算之外，可以用 na.rm 参数。

```
> mean(dat$Income)
[1] NA

> mean(dat$Income, na.rm = TRUE)
[1] 65763.64
```

1.8 用均值填充缺失值

当直接忽略了含有任何缺失值的样本时，你会损失很多有用的信息。这些信息包含在这些样本的非缺失数据部分中。你有时需要为那些缺失值填入合理的替代值（合理意味着不会严重影响分析结果）。

准备就绪

下载 `missing-data.csv` 文件并保存在你的 R 工作目录中。

要怎么做

读取数据并替换缺失值:

```
> dat <- read.csv("missing-data.csv", na.strings = "")
> dat$Income.imp.mean <- ifelse(is.na(dat$Income),
    mean(dat$Income, na.rm=TRUE), dat$Income)
```

这样,`Income` 中的所有的 NA 值就会被原始数据的平均值所替换。

工作原理

前述 `ifelse()` 函数会在其第一个参数为 NA 的时候返回计算出的均值,反之,它会返回第一个参数的值。

更多细节

对于具有缺失值的分类变量,你无法计算均值,所以需要另一种解决方法。即使对于数值变量,我们有时候也并不希望用均值来代替缺失值。我们这里讨论一个常用的方法。

从非缺失的值中抽样得出随机值

如果你想从某个变量的非缺失值中抽样生成随机值用来替换缺失值。可以使用如下这两个函数:

```
rand.impute <- function(a) {
  missing <- is.na(a)
  n.missing <- sum(missing)
  a.obs <- a[!missing]
  imputed <- a
  imputed[missing] <- sample (a.obs, n.missing, replace=TRUE)
  return (imputed)
}

random.impute.data.frame <- function(dat, cols) {
  nms <- names(dat)
  for(col in cols) {
    name <- paste(nms[col],".imputed", sep = "")
    dat[name] <- rand.impute(dat[,col])
  }
  dat
}
```

通过这里的两个函数,你可以为 `Income` 和 `Phone_type` 构造基于随机抽样的值:

```
> dat <- read.csv("missing-data.csv", na.strings="")
> random.impute.data.frame(dat, c(1,2))
```

1.9 删除重复样本

我们有时候得到一些重复样本，希望只保留重复样本中的一份。

准备就绪

创建一个样例数据集：

```
> salary <- c(20000, 30000, 25000, 40000, 30000, 34000, 30000)
> family.size <- c(4,3,2,2,3,4,3)
> car <- c("Luxury", "Compact", "Midsize", "Luxury",
    "Compact", "Compact", "Compact")
> prospect <- data.frame(salary, family.size, car)
```

要怎么做

unique()函数能够胜任这个工作。它将向量或数据框作为参数并返回一个同类的对象，其中的重复样本已被删除。

获取唯一值：

```
> prospect.cleaned <- unique(prospect)
> nrow(prospect)
[1] 7
> nrow(prospect.cleaned)
[1] 5
```

工作原理

unique()函数将向量或者数据框作为参数输入，并返回一个同类型的对象，其中重复样本已被删除。对于非重复的样本，它返回原始输入样本。 unique()函数的返回值中只包含重复样本中的一份。

更多细节

有时候我们只需要鉴别出重复值，而不需要删除它们。

鉴别出缺失值（而非删除它们）

对于这个目的，我们可以使用duplicated()函数：

```
> duplicated(prospect)
[1] FALSE FALSE FALSE FALSE  TRUE FALSE  TRUE
```

对于这个数据，我们知道样本2、5和7是重复的。注意只有样本5和7被标记为重复的。对于其第一次出现的样本2来说，它并不会被记为重复样本。

用以下代码列出重复值：

```
> prospect[duplicated(prospect), ]
```

```
      salary family.size      car
5     30000            3  Compact
7     30000            3  Compact
```

1.10   将变量缩放至 [0,1] 区间

距离计算在很多数据分析技术中占有重要地位。我们知道数值大的变量在距离计算中占据了统治地位，因此你可能想要重新缩放数值到 0 ~ 1 区间。

准备就绪

安装 scales 包并从本章的数据文件中读入 data-conversion.csv 文件到你的 R 工作环境中：

```
> install.packages("scales")
> library(scales)
> students <- read.csv("data-conversion.csv")
```

要怎么做

将 Income 变量重新缩放至 [0,1]：

```
> students$Income.rescaled <- rescale(students$Income)
```

工作原理

rescale() 函数将最小值转换成 0，最大值转换成 1。它将其他所有值按比例缩放。以下两个表达式会给出完全一致的结果：

```
> rescale(students$Income)
> (students$Income - min(students$Income)) /
    (max(students$Income) - min(students$Income))
```

可以使用 rescale 这个参数将数据缩放到不同于 [0,1] 的区间中。下面的代码将 students$Income 缩放到（0,100）区间：

```
> rescale(students$Income, to = c(1, 100))
```

更多细节

当应用一些基于距离的技术时，你也许需要缩放多个变量。你可能会觉得每次缩放一个变量会使得这一过程冗长乏味。

一次性缩放多个变量

使用以下函数：

```
rescale.many <- function(dat, column.nos) {
  nms <- names(dat)
  for(col in column.nos) {
    name <- paste(nms[col],".rescaled", sep = "")
    dat[name] <- rescale(dat[,col])
  }
  cat(paste("Rescaled ", length(column.nos),
    " variable(s)\n"))
  dat
}
```

定义好上述函数之后，我们可以用以下命令来缩放数据框中的第一个和第四个变量。

```
> rescale.many(students, c(1,4))
```

参考内容

❑ 1.11 节

1.11　对数据框中的数据做正则化或标准化

距离计算在很多数据分析技术中占据重要地位。我们知道数值大的变量更容易影响距离的计算。因此你可能想要使用标准化的值（或 Z 值）。

准备就绪

下载 BostonHousing.csv 数据文件并存放在 R 工作目录中。然后读入这个数据：

```
> housing <- read.csv("BostonHousing.csv")
```

要怎么做

对于只包含数值变量的数据框，可用如下命令将所有变量标准化：

```
> housing.z <- scale(housing)
```

你只能在全是数值变量的数据框中使用 scale() 函数。否则会得到错误信息。

工作原理

scale() 函数对每一个变量的每一个值计算其标准化的 Z 分值（忽略 NA 值）。即，对每一个值减去其均值并除以对应变量的标准差。

scale() 函数有两个可选参数 center 和 scale，它们的默认值都是真（TRUE）。下面的表 1-1 展示了这些参数的作用效果。

表 1-1

参　数	效　果
center = TRUE, scale = TRUE	默认效果
center = TRUE, scale = FALSE	对每一个值减去其对应的均值
center = FALSE, scale = TRUE	对每一个值除以其对应的均方根，均方根被定义为 sqrt(sum(x^2)/(n-1))
center = FALSE, scale = FALSE	返回原始值

更多细节

当应用基于距离的技术时，你可能需要缩放多个变量。一次只能标准化一个变量可能会使得这一过程冗长乏味。

同时对多个变量标准化

当你有一个包含部分数值型变量和部分非数值型变量的数据框，或者希望对一个全是数值型变量的数据框中的几个变量做标准化处理时，那么你可以每次处理一个变量，这是很麻烦的事，或者用如下函数来处理变量的一个子集：

```
scale.many <- function(dat, column.nos) {
  nms <- names(dat)
  for(col in column.nos) {
    name <- paste(nms[col],".z", sep = "")
    dat[name] <- scale(dat[,col])
  }
  cat(paste("Scaled ", length(column.nos), " variable(s)\n"))
  dat
}
```

依靠这个函数，你可以完成下面这些工作：

```
> housing <- read.csv("BostonHousing.csv")
> housing <- scale.many(housing, c(1,3,5:7))
```

这会为变量 1、3、5、6 和 7 添加 z 值，这些 z 值会存放在对应的原列名之后并以原列名加 .z 后缀作为新的列名：

```
> names(housing)

 [1] "CRIM"     "ZN"       "INDUS"    "CHAS"     "NOX"      "RM"
 [7] "AGE"      "DIS"      "RAD"      "TAX"      "PTRATIO"  "B"
[13] "LSTAT"    "MEDV"     "CRIM.z"   "INDUS.z"  "NOX.z"    "RM.z"
[19] "AGE.z"
```

参考内容

❑ 1.10 节

1.12 为数值数据分箱

有时候，我们需要将数值数据转换成分类数据或因子。例如，朴素贝叶斯分类方法要求所有的变量（无论是自变量还是因变量）都是分类变量。在其他情况下，我们也许想要将一种分类方法应用于某个问题，数据中的因变量是数值型的，但是模型所要求的是分类型的因变量。

准备就绪

将本章的代码文件中的 data-conversion.csv 文件保存至 R 工作目录。然后读取数据：

```
> students <- read.csv("data-conversion.csv")
```

要怎么做

Income 是一个数值变量，你也许想基于它用装箱的方法创建分类变量。假设你想要将收入小于等于 $10 000 记为低，收入在 $10 000 和 $31 000 之间记为中，其余记为高。我们可以这样来做：

1）创建作为分段点的向量：

```
> b <- c(-Inf, 10000, 31000, Inf)
```

2）创建不同段的名字：

```
> names <- c("Low", "Medium", "High")
```

3）用分段点向量将原向量分段：

```
> students$Income.cat <- cut(students$Income, breaks = b, labels = names)
> students
```

```
   Age State Gender Height Income Income.cat
1   23   NJ     F     61    5000       Low
2   13   NY     M     55    1000       Low
3   36   NJ     M     66    3000       Low
4   31   VA     F     64    4000       Low
5   58   NY     F     70   30000    Medium
6   29   TX     F     63   10000       Low
7   39   NJ     M     67   50000      High
8   50   VA     M     70   55000      High
9   23   TX     F     61    2000       Low
10  36   VA     M     66   20000    Medium
```

工作原理

cut() 函数用 breaks 参数定义的区间来定义分箱，并用 labels 参数中的字符串为它们命名。在我们的例子中，函数把 Income 小于等于 10 000 的数据放入第一个分箱中，Income 大于 10 000 且小于 31 000 的数据放入第二个分箱，Income 大于 31 000 的数据放入第三个分箱中。换句话说，区间的左端点是不包括在区间内的，而右端点包括在内。分箱的个数比 breaks 参数中的元素个数少一个。name 参数中的字符串构成了分箱的因子水平。

如果我们将分箱名保留为空，则 cut() 函数使用第二参数中的数值来构建区间名称，如下所示：

```
> b <- c(-Inf, 10000, 31000, Inf)
> students$Income.cat1 <- cut(students$Income, breaks = b)
> students
```

	Age	State	Gender	Height	Income	Income.cat	Income.cat1
1	23	NJ	F	61	5000	Low	(-Inf,1e+04]
2	13	NY	M	55	1000	Low	(-Inf,1e+04]
3	36	NJ	M	66	3000	Low	(-Inf,1e+04]
4	31	VA	F	64	4000	Low	(-Inf,1e+04]
5	58	NY	F	70	30000	Medium	(1e+04,3.1e+04]
6	29	TX	F	63	10000	Low	(-Inf,1e+04]
7	39	NJ	M	67	50000	High	(3.1e+04, Inf]
8	50	VA	M	70	55000	High	(3.1e+04, Inf]
9	23	TX	F	61	2000	Low	(-Inf,1e+04]
10	36	VA	M	66	20000	Medium	(1e+04,3.1e+04]

更多细节

你也许并不总想人工指定分段点，而是希望由 R 自动完成。

自动创建特定个数的区间

除了上述人工指定分段点和区间的方法，我们也可以提供分箱的个数，比如说 n 个，然后让 cut() 函数来自动处理剩下的工作。在这个例子中，cut() 函数创建了 n 个近似等宽的区间，如下：

```
> students$Income.cat2 <- cut(students$Income,
    breaks = 4, labels = c("Level1", "Level2",
      "Level3","Level4"))
```

1.13 为分类变量创建哑变量

有些情况下我们需要将一些只能处理数值变量的分析方法（比如 K 最近邻、线性回归）

用在分类变量上，这时我们需要创建哑变量。

准备就绪

将文件 data-conversion.csv 存放于 R 工作目录中，安装 dummies 包。然后读取数据：

```
> install.packages("dummies")
> library(dummies)
> students <- read.csv("data-conversion.csv")
```

要怎么做

为数据框中的所有因子创建哑变量：

```
> students.new <- dummy.data.frame(students, sep = ".")
> names(students.new)

[1] "Age"      "State.NJ" "State.NY" "State.TX" "State.VA"
[6] "Gender.F" "Gender.M" "Height"   "Income"
```

现在 students.new 数据框包含了所有的原始变量和新增加的哑变量。dummy. data.frame() 函数为 State 因子的所有 4 个水平和 Gender 因子的所有两个水平创建了哑变量。然而，当应用机器学习技术时，我们常常会忽略 State 哑变量中的一个和 Gender 哑变量中的一个。

我们可以使用可选的参数 all=FALSE 来指定生成的数据框只包含创建出来的哑变量而不包括原始变量。

工作原理

dummy.data.frame() 函数为原数据框中的所有因子创建了哑变量。这个函数内部使用了 dummy() 函数，它可以基于一个因子变量创建哑变量。**dummy()** 函数为因子的每一个水平创建一个新变量。它用因子变量名后接因子水平名来为哑变量命名。我们可以使用 sep 参数来指定因子变量名与因子水平名之间的分隔符——默认值是空格符：

```
> dummy(students$State, sep = ".")

      State.NJ State.NY State.TX State.VA
[1,]         1        0        0        0
[2,]         0        1        0        0
[3,]         1        0        0        0
[4,]         0        0        0        1
[5,]         0        1        0        0
[6,]         0        0        1        0
[7,]         1        0        0        0
[8,]         0        0        0        1
[9,]         0        0        1        0
[10,]        0        0        0        1
```

更多细节

有些情况下，数据框有多个因子，而你只计划使用这些因子的一个子集。这时可以只在这些选定的子集上创建哑变量。

选择基于哪些变量来创建哑变量

为了创建仅仅关于一个或几个变量的哑变量。我们可以使用 names 参数来指定我们希望基于哪些变量来创建哑变量：

```
> students.new1 <- dummy.data.frame(students,
  names = c("State","Gender") , sep = ".")
```

第 2 章　*Chapter 2*

那里面有什么——探索性数据分析

2.1　引言

在应用一些更高级的分析手段和机器学习技术之前，分析师们需要面临的挑战是熟悉他们手头的大型数据集。分析师们越来越依赖于可视化技术来梳理隐含的模式。本章提供深入探索大型数据集的必要方法。

2.2　创建标准化数据概览

这里用 summary 函数获取数据概览。

准备就绪

如果你还没有下载本章的数据文件，现在下载并将 auto-mpg.csv 文件保存在你的 R 工作目录中。

要怎么做

从 auto-mpg.csv 中读取数据，其包含抬头行并且列间用默认的 "," 作为分隔符。

1）从 auto-mpg.csv 中读取数据并将 cylinders 变量转换成因子：

```
> auto  <- read.csv("auto-mpg.csv", header = TRUE,
    stringsAsFactors = FALSE)
> # Convert cylinders to factor
> auto$cylinders <- factor(auto$cylinders,
```

```
        levels = c(3,4,5,6,8),
          labels = c("3cyl", "4cyl", "5cyl", "6cyl", "8cyl"))
```

2）获取统计摘要信息：

```
summary(auto)

      No             mpg          cylinders    displacement
 Min.   :  1.0   Min.   : 9.00   3cyl:  4   Min.   : 68.0
 1st Qu.:100.2   1st Qu.:17.50   4cyl:204   1st Qu.:104.2
 Median :199.5   Median :23.00   5cyl:  3   Median :148.5
 Mean   :199.5   Mean   :23.51   6cyl: 84   Mean   :193.4
 3rd Qu.:298.8   3rd Qu.:29.00   8cyl:103   3rd Qu.:262.0
 Max.   :398.0   Max.   :46.60              Max.   :455.0
   horsepower        weight       acceleration    model_year
 Min.   : 46.0   Min.   :1613   Min.   : 8.00   Min.   :70.00
 1st Qu.: 76.0   1st Qu.:2224   1st Qu.:13.82   1st Qu.:73.00
 Median : 92.0   Median :2804   Median :15.50   Median :76.00
 Mean   :104.1   Mean   :2970   Mean   :15.57   Mean   :76.01
 3rd Qu.:125.0   3rd Qu.:3608   3rd Qu.:17.18   3rd Qu.:79.00
 Max.   :230.0   Max.   :5140   Max.   :24.80   Max.   :82.00
   car_name
 Length:398
 Class :character
 Mode  :character
```

工作原理

summary() 函数会对数值变量给出一个包括"6个数"（最小值、1/4分位数、中位数、均值、3/4分位数、最大值）的摘要。对于因子（或分类变量）这个函数会给出每个水平的计数；对于字符变量，它会给出所有可用值。

更多细节

R 提供了很多函数来快速查看数据，本节讨论其中一些函数。

1. 用 str() 函数查看数据框

str() 函数可用于简明地查看数据框。事实上，我们常用它来查看任意 R 对象的内在结构。以下命令和结果显示 str() 函数给出了我们面前的对象的结构信息，它同样告知了我们其每一个组成部分的类型和抽取出的部分值。它对于获取数据框的一个总体概要是非常有用的。

```
> str(auto)

'data.frame': 398 obs. of  9 variables:
 $ No          : int  1 2 3 4 5 6 7 8 9 10 ...
 $ mpg         : num  28 19 36 28 21 23 15.5 32.9 16 13 ...
 $ cylinders   : Factor w/ 5 levels "3cyl","4cyl",..: 2 1 2 2 4
   2 5 2 4 5 ...
```

```
$ displacement: num   140 70 107 97 199 115 304 119 250 318 ...
$ horsepower  : int   90 97 75 92 90 95 120 100 105 150 ...
$ weight      : int   2264 2330 2205 2288 2648 2694 3962 2615
  3897 3755 ...
$ acceleration: num   15.5 13.5 14.5 17 15 15 13.9 14.8 18.5 14
  ...
$ model_year  : int   71 72 82 72 70 75 76 81 75 76 ...
$ car_name    : chr   "chevrolet vega 2300" "mazda rx2 coupe"
  "honda accord" "datsun 510 (sw)" ..
```

2. 计算单一变量的摘要

当因子变量的摘要与数值型变量的摘要混在一起时（就像前面的例子），summary() 函数最多给出 6 个水平的计数，剩余部分被归到 Other 中。

也可以对单一变量调用 summary() 函数。在这个例子中数值变量的摘要与之前的一样，而对于因子变量，你会得到更多水平的计数信息。

```
> summary(auto$cylinders)
> summary(auto$mpg)
```

3. 求均值和标准差

使用函数 mean() 和 sd() 求均值与标准差，如下所示：

```
> mean(auto$mpg)
> sd(auto$mpg)
```

2.3 抽取数据集的子集

这里讨论两种抽取子集的方法。第一种方法使用行和列的索引/名称，另一种方法是调用 subset() 函数。

准备就绪

下载本章的数据文件并将 auto-mpg.csv 存放于你的 R 工作目录中。用以下命令读入数据：

```
> auto <- read.csv("auto-mpg.csv", stringsAsFactors=FALSE)
```

同样的抽取原理可适用于向量、列表、数组、矩阵和数据框。我们用数据框来演示。

要怎么做

以下步骤会从一个数据集中抽取出一个子集：

1）用位置索引。得到前三辆车的 model_year 和 car_name 数据：

```
> auto[1:3, 8:9]
> auto[1:3, c(8,9)]
```

2）用变量名索引。得到前三辆车的 model_year 和 car_name 数据：

```
> auto[1:3,c("model_year", "car_name")]
```

3）用以下代码得到拥有最高或最低油耗的车的所有细节信息：

```
> auto[auto$mpg == max(auto$mpg) | auto$mpg ==
  min(auto$mpg),]
```

4）得到所有油耗大于 30 且气缸数为 6 的车的油耗和车名信息：

```
> auto[auto$mpg>30 & auto$cylinders==6, c("car_name","mpg")]
```

5）通过变量名部分匹配得到所有油耗大于 30 且气缸数为 6 的车的油耗和车名信息：

```
> auto[auto$mpg >30 & auto$cyl==6, c("car_name","mpg")]
```

6）用 subset() 函数得到所有油耗大于 30 且气缸数为 6 的车的油耗和车名信息：

```
> subset(auto, mpg > 30 & cylinders == 6,
select=c("car_name","mpg"))
```

工作原理

auto[1:3,8:9] 中第一部分的索引标记了行，第二部分的索引标记列或变量。除了用列所在的位置之外，也可以用变量名来索引。当使用变量名时，用引号 "" 将名称括起来。

当所需的行和列并不连续时，使用向量形式 auto[c(1,3),c(3,5,7)] 来指明所需的行和列。

 提示　用列名而非列的位置，因为数据文件中列的位置可能会变。

R 使用逻辑运算符 &（与），|（或），!（非），以及 ==（相等）。

如果省略了 select 参数，子集函数 subset() 会返回所有的变量（列）。因此 subset(auto, mpg > 30 & cylinders == 6) 会抽取出所有符合 mpg > 30 和 cylinders = 6 的样本。

然而，当使用逻辑值索引的方法来选择数据框中的行时，切记需要在逻辑表达式后面指明需要抽取的变量或直接用逗号表明需要全体变量。

```
> # incorrect
> auto[auto$mpg > 30]
Error in `[.data.frame`(auto, auto$mpg > 30) :
  undefined columns selected
>
```

```
> # correct
> auto[auto$mpg > 30, ]
```

 提示　　如果选择了单个变量，则子集运算返回一个向量而非数据框。

更多细节

我们通常用名称或位置索引来抽取数据。因此这里给出一些用索引抽取数据的额外细节。subset()函数主要用在需要对一组数组、列表或向量元素重复进行子集操作的情况。

1. 排除某些列

在不需要的变量位置用减号可将它们排除在子集外。同时不能在列表将正索引和负索引混合使用。以下两种做法都是正确的。

```
> auto[,c(-1,-9)]
> auto[,-c(1,9)]
```

然而，这个子集操作不适用于基于变量名称索引的情况。例如，我们不能用 -c("No", "car_name")，而可以用 %in% 和 !（取反）来排除变量。

```
> auto[, !names(auto) %in% c("No", "car_name")]
```

2. 基于多个值的选择

选择 mpg = 15 或者 mpg = 20 的所有车：

```
> auto[auto$mpg %in% c(15,20),c("car_name","mpg")]
```

3. 用逻辑向量来选择

可以用布尔向量来指定所需要的样本（行）和变量（列）。

在以下例子中，R 返回第一和第二个样本，对于每一个样本，我们只得到第三个变量。R 返回对应真值的元素：

```
> auto[1:2,c(FALSE,FALSE,TRUE)]
```

可以对行运用同样的方法。

如果长度不一致，则 R 会将布尔向量循环补齐。然而，始终保持长度一致是一个好习惯。

2.4　分割数据集

当有分类变量时，我们常会希望依照不同水平分组，并在每一组上进行分析来揭示这些组之间的显著异同。

split 函数会基于因子或向量将数据分隔开。unsplit() 与 split 作用相反。

准备就绪

下载本章的数据文件 auto-mpg.csv 并将其保存到 R 的工作目录中。用 read.csv 读取数据并保存在 auto 变量中：

```
> auto <- read.csv("auto-mpg.csv", stringsAsFactors=FALSE)
```

要怎么做

用以下命令对气缸数分组：

```
> carslist <- split(auto, auto$cylinders)
```

工作原理

split(auto, auto$cylinders) 函数返回一个由数据框所组成的列表，其中每一个数据框对应 cylinders 处于一个特定水平的那些样本。可用记号 [来引用此列表中的数据框。这里 carslist[1] 是一个长度为 1 的列表，其包含了第一个数据框，这个数据框对应三缸车。而 carslist[[1]] 则是三缸车相关的数据框。

```
> str(carslist[1])
List of 1
 $ 3:'data.frame':	4 obs. of  9 variables:
  ..$ No          : int [1:4] 2 199 251 365
  ..$ mpg         : num [1:4] 19 18 23.7 21.5
  ..$ cylinders   : int [1:4] 3 3 3 3
  ..$ displacement: num [1:4] 70 70 70 80
  ..$ horsepower  : int [1:4] 97 90 100 110
  ..$ weight      : int [1:4] 2330 2124 2420 2720
  ..$ acceleration: num [1:4] 13.5 13.5 12.5 13.5
  ..$ model_year  : int [1:4] 72 73 80 77
  ..$ car_name    : chr [1:4] "mazda rx2 coupe" "maxda rx3"
    "mazda rx-7 gs" "mazda rx-4"
> names(carslist[[1]])

[1] "No"          "mpg"         "cylinders"    "displacement"
[5] "horsepower"  "weight"      "acceleration" "model_year"
[9] "car_name"
```

2.5　创建随机数据分块

分析师们需要对他们的机器学习模型的质量做出无偏估计。为了达到这个目的，他们将已有的数据分为两部分。其中一部分用于构建模型，保留另一部分不用。在建模完成之后，他们在保留的数据上估计模型的性能。本节演示如何划分数据。根据目标变量是数值型还是分类型会采取不同的处理手段。本节同时也涵盖了划分为两块或者多块的处理过程。

准备就绪

如果你还没有下载本章的数据文件 `BostonHousing.csv` 和 `boston-housing-classification.csv`，现在下载并将它们存放在你的 R 工作目录中。同时需要用以下命令来安装 `caret` 包：

```
> install.packages("caret")
> library(caret)
> bh <- read.csv("BostonHousing.csv")
```

要怎么做

你也许想要建立一个使用某些机器学习手段的模型（比如线性回归或 K 最近邻）来预测波士顿近郊房价的中位数。数据来源是 `BostonHousing.csv` 文件，`MEDV` 变量是目标变量。

范例1——数值型目标变量和二分块

用如下代码创建一个训练分块，其包含 80% 的样本，并创建一个验证分块，其包含剩余的样本：

```
> trg.idx <- createDataPartition(bh$MEDV, p = 0.8, list = FALSE)
> trg.part <- bh[trg.idx, ]
> val.part <- bh[-trg.idx, ]
```

运行之后，`trg.part` 和 `val.part` 变量分别包含了训练分块和验证分块。

范例2——数值型目标变量和三分块

有些机器学习技术要求三个分块，因为它们使用其中的两个分块来建模。因此，第三个分块（测试分块）包含了评估数据模型所需的保留数据。

假设我们想要得到一个包含了 70% 样本的训练分块，并要将剩余部分对等地分成验证分块和测试分块。用以下代码来实现：

```
> trg.idx <- createDataPartition(bh$MEDV, p = 0.7, list = FALSE)
> trg.part <- bh[trg.idx, ]
> temp <- bh[-trg.idx, ]
> val.idx <- createDataPartition(temp$MEDV, p = 0.5, list = FALSE)
> val.part <- temp[val.idx, ]
> test.part <- temp[-val.idx, ]
```

范例3——分类型目标变量和二分块

除了创建预测数据变量（比如 MEDV）的模型之外，你可能也需要创建用于分类的分块。boston-housing-classification.csv 文件包含一个 MEDV.CAT 变量，它可将房价中位数分为分类算法所需的高和低两类。

用以下命令做一个 70-30 的分割：

```
> bh2 <- read.csv("boston-housing-classification.csv")
> trg.idx <- createDataPartition(bh2$MEDV_CAT, p=0.7, list =
  FALSE)
> trg.part <- bh2[trg.idx, ]
> val.part <- bh2[-trg.idx, ]
```

范例 4——分类型目标变量和三分块

为了得到一个 70-15-15 的分割（训练、验证、测试），请使用如下命令：

```
> bh3 <- read.csv("boston-housing-classification.csv")
> trg.idx <- createDataPartition(bh3$MEDV_CAT, p=0.7, list =
  FALSE)
> trg.part <- bh3[trg.idx, ]
> temp <- bh3[-trg.idx, ]
> val.idx <- createDataPartition(temp$MEDV_CAT, p=0.5,list =
  FALSE)
> val.part <- temp[val.idx, ]
> test.part <- temp[-val.idx, ]
```

工作原理

createDataPartition() 函数从作为其第一参数的数组中随机选择行号。与其从整个数据框中随机选择，不如更加智能的抽取。

如果第一参数是一个数值向量，则 createDataPartition() 对各个百分位数分组应用随机抽取以保证样本行能有效体现目标变量的整个值域。这种做法可以避免发生如下情况：完全随机抽取可能导致样本无法完整地体现出目标变量值域的每一部分。默认情况下，这个函数使用 5 个分组，然而我们可以用可选的 groups 参数来控制它。

当提供了因子向量时，此函数会对样本中因子的每一个值做随机抽取。因此可以保证训练分块能够很好地体现每一个因子的取值。

list 参数控制输出结果是列表还是向量。

为了避免原始数据框和两个数据分块中出现重复数据，可以用生成的索引，对于训练分块，称为 bh[trg.idx,]，对于验证分块，称为 bh[-trg.idx,]。

当你有一个很大的数据文件时，重复抽取子集可能会比较低效，这时你可以预先将数据复制进分块中。

更多细节

本节讨论一些关于数据分块的额外信息。

1. 用一个方便的函数来分块

与其每次输入这些细节步骤，不如用下述函数来简化流程：

```
rda.cb.partition2 <- function(ds, target.index, prob) {
  library(caret)
  train.idx <- createDataPartition(y=ds[,target.index],
    p = prob, list = FALSE)
  list(train =  ds[train.idx, ], val = ds[-train.idx, ])
}
rda.cb.partition3 <- function(ds,
            target.index, prob.train, prob.val) {
  library(caret)
  train.idx <- createDataPartition(y=ds[,target.index],
        p = prob.train, list = FALSE)
  train <- ds[train.idx, ]
  temp <- ds[-train.idx, ]
  val.idx <- createDataPartition(y=temp[,target.index],
        p = prob.val/(1-prob.train), list = FALSE)
  list(train =  ds[train.idx, ],
        val = temp[val.idx, ], test = temp[-val.idx, ])
}
```

当准备好之前的这两个函数之后，可以用如下单独的一行来创建数据框的二分块（80%，20%）：

```
dat1 <- rda.cb.partition2(bh, 14, 0.8)
```

可用下面这条语句来创建三分块（70%，15%，15%）：

```
dat2 <- rda.cb.partition3(bh, 14, 0.7, 0.15)
```

rda.cb.partition2()函数和rda.cb.partition3()函数分别返回一个包含两个和三个组件的列表。可以通过dat1$train和dat1$val来引用dat1中的训练分块和验证分块。这同样适用于dat2，为了得到dat2中的测试分块，可以使用dat2$test。

2. 从一组数中抽样

要从bh数据框中无放回的随机抽取50个样本，可以使用下列命令：

```
sam.idx <- sample(1:nrow(bh), 50, replace = FALSE)
```

2.6　创建直方图、箱线图、散点图等标准化图像

在开始进行任何数值分析方法之前，你也许想通过几幅快速的绘图来认识数据。尽

管 R 基础系统支持强大的绘图功能，但是我们通常选择其他的绘图系统（如 lattice 和 ggplot）来得到更高级的图形。因此我们只会涵盖基础绘图一些最简单的形式。

准备就绪

如果你还没有下载本章的数据文件，现在下载并将它们存放在你的 R 工作目录中：

```
> auto <- read.csv("auto-mpg.csv")
>
> auto$cylinders <- factor(auto$cylinders, levels = c(3,4,5,6,8),
    labels = c("3cyl", "4cyl", "5cyl", "6cyl", "8cyl"))
> attach(auto)
```

要怎么做

本节讨论直方图、箱线图、散点图和散点矩阵图。

1. 直方图

建立关于加速度的直方图：

```
> hist(acceleration)
```

R 会自动决定所生成的图形的多个属性（比如分箱大小、坐标轴尺度、坐标轴名、图表标题、条形的颜色等）。图 2-1 显示了上述命令的输出。

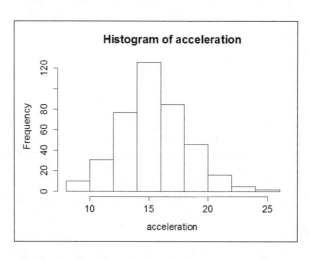

图　2-1

可以自定义每一个属性。下述代码展示了这些选项：

```
> hist(acceleration, col="blue", xlab = "acceleration",
    main = "Histogram of acceleration", breaks = 15)
```

加速度的直方图可参见图 2-2。

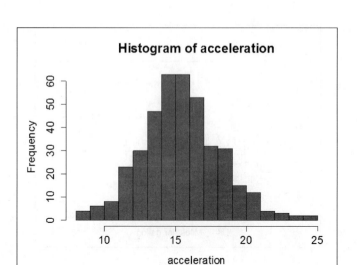

图　2-2

2. 箱线图

用下列命令创建一个关于油耗的箱线图，如图 2-3 所示。

```
> boxplot(mpg, xlab = "Miles per gallon")
```

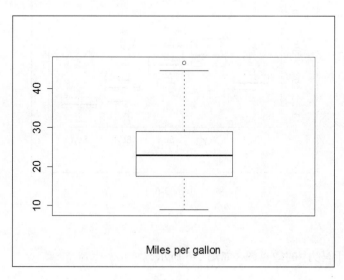

图　2-3

为了得到整个数据集中每一个子集的箱线图（如图 2-4 所示），可用下列命令：

```
> boxplot(mpg ~ model_year, xlab = "Miles per gallon")
```

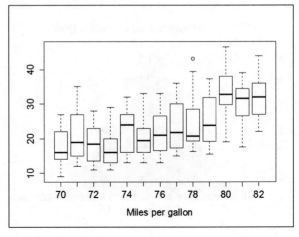

图　2-4

创建油耗关于气缸数的箱线图（如图 2-5 所示）。

```
> boxplot(mpg ~ cylinders)
```

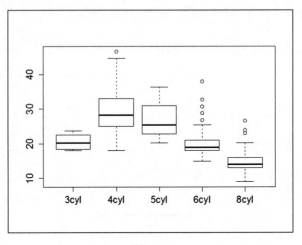

图　2-5

3. 散点图

创建油耗关于马力⊖的散点图（如图 2-6 所示）。

```
> plot(mpg ~ horsepower)
```

⊖　1 马力 =735W。

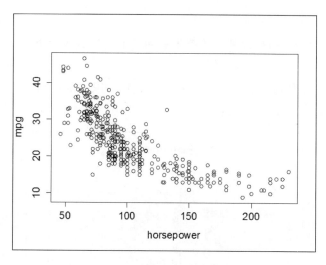

图 2-6

4. 散点矩阵图

创建一组变量两两之间的散点图（如图 2-7 所示）。

```
> pairs(~mpg+displacement+horsepower+weight)
```

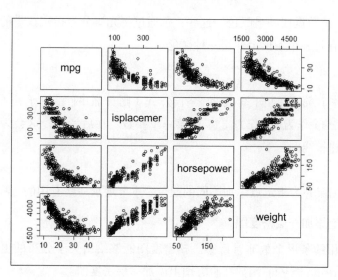

图 2-7

工作原理

下面将描述之前的代码是如何工作的。

1. 直方图

默认情况下 hist() 函数会基于数据来自动决定要显示几个条形。这可以由 breaks 参数来控制。

与其使用纯色，不如通过下述命令使用一组配色（如图 2-8 所示）。

```
> hist(mpg, col = rainbow(12))
```

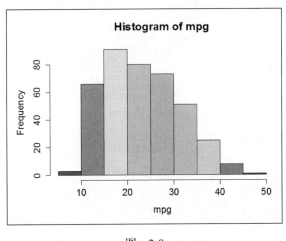

图　2-8

rainbow() 函数返回一组颜色，这些颜色通过将光谱分为指定数量的颜色来生成，然后 hist() 函数在每一个条形上使用一种颜色。

2. 箱线图

可以给定一个简单的向量或者一个公式（比如前两个例子中的 auto$mpg ~ auto$cylinders）作为 boxplot() 的第一个参数。在后者中，这会为右边变量的每一个不同的水平创建箱线图。

更多细节

可以添加绘图层并为指定点添加不同的颜色。本节展示一些有用的选项。

1. 在直方图上添加一层密度图

直方图对使用的条形个数非常敏感。核密度图能够给出关于分布的更光滑、更准确的图像。通常使用 density() 函数在直方图上添加一层密度图。

单独调用 density() 时，这个函数只会生成密度图。为了将其添加至直方图上，用 lines() 函数，它不会抹去当前图形，而是在已有图形的基础上进行添加。由于密度图绘制的是相对频率（约等于概率密度函数），因此需要确保直方图也是按照相对频率来绘制的。参数 prob=TRUE 可以做到这一点（如图 2-9 所示）。

```
hist(mpg, prob=TRUE)
lines(density(mpg))
```

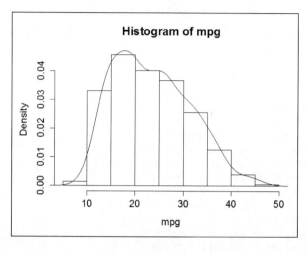

图　2-9

2. 在散点图上添加回归线

下述代码首先生成了散点图，然后用 lm 建立回归模型，用 abline() 在已有的散点图上添加回归线（如图 2-10 所示）：

```
> plot(mpg ~ horsepower)
> reg <- lm(mpg ~ horsepower)
> abline(reg)
```

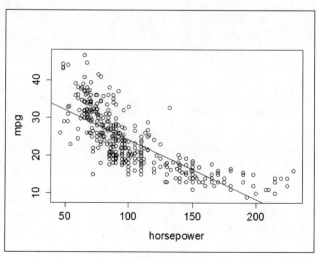

图　2-10

3. 在散点图中为给定点上色

可以使用下列代码首先生成一个散点图，然后为不同气缸数对应的点添加不同的颜色。注意，在 plot 和 points 函数中，mpg 和 horsepower 的顺序不同，这是因为在 plot 中，要求系统将油耗绘制成马力的函数，而在 points 函数中，只提供了一组需要绘制的 (x, y) 坐标点：

```
> # first generate the empty plot
> # to get the axes for the whole dat
> plot(mpg ~ horsepower, type = "n")
> # Then plot the points in different colors
> with(subset(auto, cylinders == "8cyl"),
   points(horsepower, mpg, col = "blue"))
> with(subset(auto, cylinders == "6cyl"),
   points(horsepower, mpg, col = "red"))
> with(subset(auto, cylinders == "5cyl"),
   points(horsepower, mpg, col = "yellow"))
> with(subset(auto, cylinders == "4cyl"),
   points(horsepower, mpg, col = "green"))
> with(subset(auto, cylinders == "3cyl"),
   points(horsepower, mpg))
```

上述命令生成如图 2-11 所示的输出。

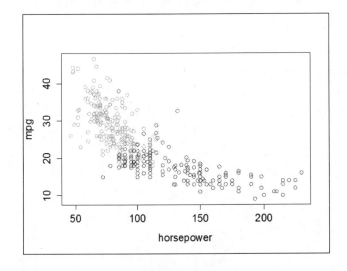

图 2-11

2.7　在网格窗口上创建多个图像

我们常常想看并排的图像以便于比较。本节展示了如何达到这一目的。

准备就绪

如果你还没有下载本章的数据文件，现在下载并确保将它们保存到你的 R 工作目录中。一旦你完成了这些，运行下列命令：

```
> auto <- read.csv("auto-mpg.csv")
> cylinders <- factor(cylinders,
    levels = c(3,4,5,6,8),
    labels = c("3cyl", "4cyl", "5cyl", "6cyl", "8cyl"))
> attach(auto)
```

要怎么做

你也许想从 `auto-mpg.csv` 数据中生成并排的散点图（如图2-12 所示）。运行如下命令：

```
> # first get old graphical parameter settings
> old.par = par()
> # create a grid of one row and two columns
> par(mfrow = c(1,2))
> with(auto, {
    plot(mpg ~ weight, main = "Weight vs. mpg")
    plot(mpg ~ acceleration, main = "Acceleration vs. mpg")
  }
 )
> # reset par back to old value so that subsequent
> # graphic operations are unaffected by our settings
> par(old.par)
```

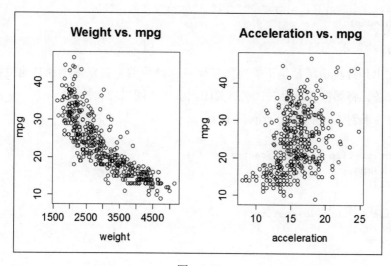

图　2-12

工作原理

par(mfrow = c(1,2)) 函数创建了一个一行两列的网格。接下来 plot() 函数将图表按行填充到网格中去。另外，也可以用参数 par(mfcol = ...) 来指定网格。此时，按照同样的方法（参考 mfrow）创建网格，但网格单元是按列填充的。

图形参数

除了为图形建立网格之外，也可以用 par() 函数指定多种图形参数来控制绘图的方方面面。如果你有一些特定的要求，可以查看对应的文档。

参考内容

❑ 2.6 节

2.8 选择图形设备

R 可将输出发送到不同的绘图设备中并以不同格式展示图像。默认情况下，R 会输出到屏幕。然而，也可以将图像保存为以下格式，如：PostScript、PDF、PNG、JPEG、Windows metafile、Windows BMP 等。

准备就绪

如果你还没有下载本章对应的数据文件，现在下载并确保将 auto-mpg.csv 这个文件存放于你的 R 工作目录中。然后运行如下代码：

```
> auto <- read.csv("auto-mpg.csv")
>
> cylinders <- factor(cylinders, levels = c(3,4,5,6,8),
    labels = c("3cyl", "4cyl", "5cyl", "6cyl", "8cyl"))
> attach(auto)
```

要怎么做

将图像输出到计算机屏幕是不需要做任何特殊操作的。若要输出到其他设备，需要首先打开这个设备，将图像发送给它，然后关闭设备来关闭对应文件。

用以下命令来创建一个 PostScript 文件：

```
> postscript(file = "auto-scatter.ps")
> boxplot(mpg)
> dev.off()

> pdf(file = "auto-scatter.pdf")
> boxplot(mpg)
> dev.off()
```

工作原理

调用合适的绘图设备函数（比如 postscript() 和 pdf()）会打开用于输出的文件。绘图操作会将图像写入设备（文件），然后 dev.off() 函数会关闭这个设备（文件）。

参考内容

❑ 2.6 节

2.9　用 lattice 包绘图

lattice 包可以创建用于捕捉数据中多元关系的网格图。对于观察一个数据集中各个变量之间的复杂关系来说，lattice 图是非常有用的。例如，我们也许想知道在 z 的不同水平上，y 是如何随着 x 的改变而改变的。通过 lattice 包，可以绘制直方图、箱线图、点图等。绘图和注释均可在一行命令中完成。

准备就绪

下载本章的数据文件并将 auto-mpg.csv 存放于你的 R 工作目录中。用 read.csv 函数读取文件并保存到 auto 变量中。将 cylinders 转换成因子变量：

```
> auto <- read.csv("auto-mpg.csv", stringsAsFactors=FALSE)
> cyl.factor <- factor(auto$cylinders,labels=c("3cyl","4cyl",
    "5cyl","6cyl","8cyl"))
```

要怎么做

用以下步骤来创建基于 lattice 包的图像：

1）载入 lattice 包：

```
> library(lattice)
```

2）画一个箱线图：

```
> bwplot(~auto$mpg|cyl.factor, main="MPG by Number of
    Cylinders",xlab="Miles per Gallon")
```

3）画一个散点图：

```
> xyplot(mpg~weight|cyl.factor, data=auto,
    main="Weight Vs MPG by Number of Cylinders",
    ylab="Miles per Gallon", xlab="Car Weight")
```

工作原理

lattice 绘图命令由以下四个部分组成：

❑ **图形类别**：可以是 bwplot、xyplot、densityplot、splom 等。

❏ **公式**：变量和因子变量用 | 隔开。

❏ **数据**：一个包含变量值的数据框。

❏ **注释**：包括标题、*x* 坐标轴名、*y* 坐标轴名。

在第 2）步中，~auto$mpg|cyl.factor 这个公式指示 lattice 画一个按照气缸数分组的油耗箱线图。这里没有为 *y* 轴指定任何变量。对于箱线图和密度图，不需要指定 *y* 轴。箱线图的输出如图 2-13 所示。

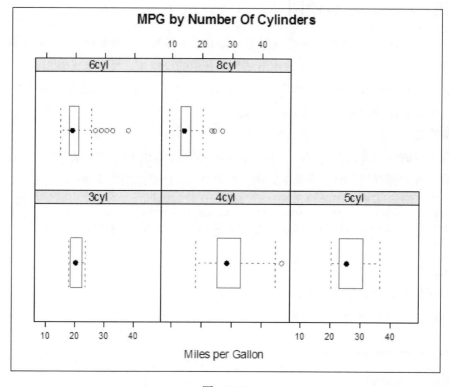

图　2-13

在散点图中 xyplot 函数和 mpg~weight|cyl.factor 公式指示 lattice 画出按照气缸数分组的，*x* 轴为车重，*y* 轴为油耗的图形。对于 xyplot，我们需要提供两个变量，否则 R 会报错。这个散点图的输出如图 2-14 所示。

更多细节

lattice 图提供了一些默认选择来得出多变量间的关系。我们可以添加更多选项来完善图形。

为图像添加自定义元素

默认情况下，lattice 依照屏幕设备来为绘图面板的高和宽赋值。绘图使用默认的色彩方案。然而，这些均可以根据自己的需求来自定义。

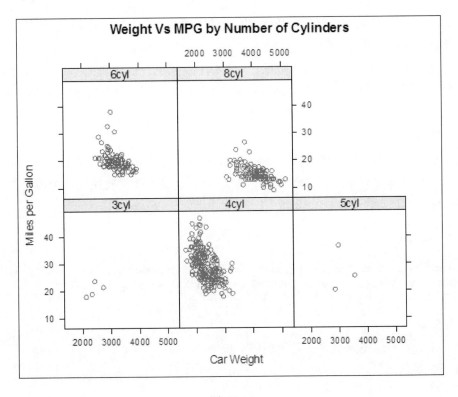

图　2-14

你应该在执行绘图命令之前为所有 lattice 图改变色彩方案。这个色彩方案会影响所有用 lattice 包绘制的 Trellis 图。

```
> trellis.par.set(theme = col.whitebg())
```

面板占据整个输出窗口。它可以被 aspect 所控制。layout 决定了 *x* 坐标轴方向上面板的个数，以及它们是如何堆叠的。将这些选项添加到 plot 函数的调用中：

```
> bwplot(~mpg|cyl.factor, data=auto,main="MPG by Number Of Cylinders",
xlab="Miles per Gallon",layout=c(2,3),aspect=1)
```

参考内容

❑ 2.6 节

2.10 用 ggplot2 包绘图

ggplot2 图是从最基本的图形开始，通过迭代的方式构建的。增加的图层用加号 + 进行连接来获得最终的输出图形。

为了创建图像，我们至少需要数据，图形属性（颜色、形状和大小），几何对象（点、线和平滑）。几何对象决定了将会绘制哪一种类型的图形。可添加分面来得到不同条件下的图像。

准备就绪

下载本章的数据文件并将 auto-mpg.csv 复制到你的 R 工作目录中。用 read.csv 命令读取文件并保存到 auto 变量中。将 cylinders 这个变量转换成一个因子类型的变量。如果你还没有安装 ggplot2 这个包，那么用下面的命令安装：

```
> install.packages("ggplot2")
> library(ggplot2)
> auto <- read.csv("auto-mpg.csv", stringsAsFactors=FALSE)
> auto$cylinders <- factor(auto$cylinders,labels=c("3cyl","4cyl",
"5cyl","6cyl","8cyl"))
```

要怎么做

为了用 ggplot2 包来画图，请遵循以下步骤：

1）绘制原始图形：

```
> plot <- ggplot(auto, aes(weight, mpg))
```

2）添加图层：

```
> plot + geom_point()
> plot + geom_point(alpha=1/2, size=5,
  aes(color=factor(cylinders))) +
  geom_smooth(method="lm", se=FALSE, col="green") +
  facet_grid(cylinders~.) +
  theme_bw(base_family = "Calibri", base_size = 10) +
  labs(x = "Weight") +
  labs(y = "Miles Per Gallon") +
  labs(title = "MPG Vs Weight")
```

工作原理

让我们从头开始，讨论一些变体：

```
> plot <- ggplot(auto, aes(weight, mpg))
```

首先，绘图。此时这幅图像并没有输出到屏幕上，因为我们还没有为它添加图层。ggplot 需要至少一个图层来显示图像：

```
> plot + geom_point()
```

这绘制了一些点，这些点构成了如图 2-15 所示的散点图。

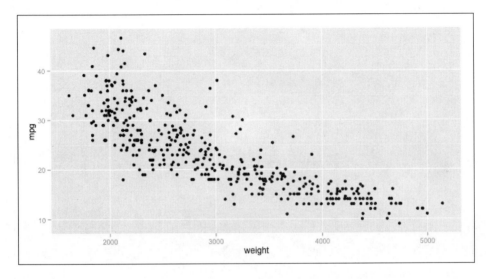

图 2-15

我们可以用多种参数来控制点的外观——alpha 控制点的色彩透明度，color 控制色彩，size 控制大小，shape 控制形状。可用 aes 参数来为这个图层添加图形属性。这会生成图 2-16 所示图像。

```
> plot + geom_point(alpha=1/2, size=5,
    aes(color=factor(cylinders)))
```

将这条代码附加在前述命令之后：

```
+ geom_smooth(method="lm", se=FALSE, col="green")
```

添加 geom_smooth 有助于观察模式。参数 method=lm 使用了一个线性模型作为平滑方法。参数 se 默认被设置为 True，这会在平滑线周围显示出置信区间。这支持类似于 geom_point 的美感。此外，也可以设置 linetype。得到的输出结果如图 2-17 所示。

默认情况下，geom_smooth 函数会根据样本数量大小而使用两种不同的平滑方法。如果样本量大于 1000，它将使用 lm 平滑，否则会用 loess 平滑。由于人们对线性模型很熟悉，所以大多数人选择使用 lm 平滑。

将下列代码添加到之前的命令之后：

```
+ facet_grid(cylinders~.)
```

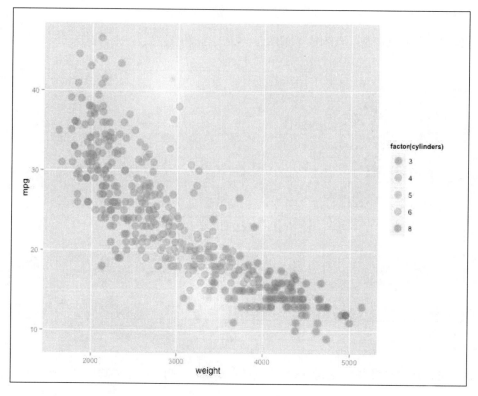

图 2-16

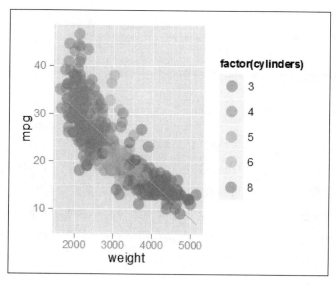

图 2-17

这会使用分面来为图形添加一个维度。我们将气缸数添加为一个新的维度。这里使用了 `facet_grid` 函数。如果想要添加更多的维度，可以使用 `facet_wrap` 并指定如何组织布局，如图 2-18 所示。

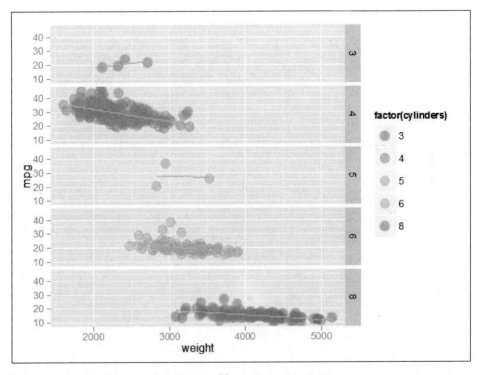

图　2-18

如果我们将其改变成 `facet_grid(~.cylinders)`，气缸数的每一个水平所对应的图会按照水平方向进行排列。

附加下列代码来添加注释以得到最终的输出图像：

```
+ theme_bw(base_family = "Calibri", base_size = 10) + labs(x =
"Weight") + labs(y = "Miles Per Gallon") + labs(title = "MPG Vs
Weight")
```

添加上的注释参见图 2-19。

更多细节

学习的最好方法是尝试不同的参数选项来看看它们是如何影响图像的。下面描述 `ggplot` 的一些变体。

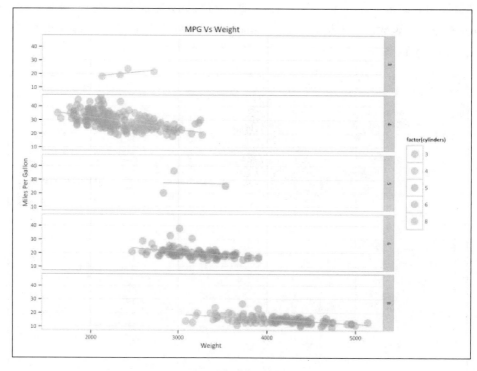

图　2-19

1. 用 qplot 画图

ggplot 的最简版本是同样来自于 ggplot2 包中的 qplot 函数。qplot 也可以用来为图像添加图层。qplot 的通用形式如下：

```
qplot(x, y, data=, color=, shape=, size=, alpha=, geom=, method=,
    formula=, facets=, xlim=, ylim= xlab=, ylab=, main=, sub=)
```

对于某些类型的图形，比如直方图、条形图，只需要提供 x（忽略 y）：

```
> # Boxplots of mpg by number of cylinders
> qplot(cylinders, mpg, data=auto, geom=c("jitter"),
    color=cylinders, fill=cylinders,
    main="Mileage by Number of Cylinders",
    xlab="", ylab="Miles per Gallon")
> # Regression of mpg by weight for each type of cylinders
> qplot(weight, mpg, data=auto, geom=c("point", "smooth"),
    method="lm", formula=y~x, color=cylinders,
    main="Regression of MPG on Weight")
```

2. 基于连续变量的条件绘图

通常，根据分类变量来画条件图。然而，为了在已有的图形上增加维度，你也许想将其与数值变量结合起来。尽管 qplot 有这个功能，但作为条件变量的大量取值仍然会让这个图形毫无用处。可以用 cut 函数来将数值变量转换为分类变量，如下所示：

```
> # Cut with desired range
> breakpoints <- c(8,13,18,23)
> # Cut using Quantile function (another approach)
> breakpoints <- quantile(auto$acceleration, seq(0, 1, length
= 4), na.rm = TRUE)

> ## create a new factor variable using the breakpoints
> auto$accelerate.factor <- cut(auto$acceleration, breakpoints)
```

现在我们可以在 cut 函数中使用 auto$accelerate.factor 变量。

更多细节

❑ 2.6 节

❑ 2.9 节

2.11　创建便于比较的图表

在大型数据集中，我们经常通过检查不同部分的表现来深入洞察数据。相似性和相异性可以揭示有趣的模式。本节将会展示如何创建能够进行此类比较的图像。

准备就绪

如果你还没有下载本章的数据文件，现在下载并将 bike-rentals.csv 保存到你的 R 工作目录中。用以下命令读取数据到 R 中：

```
> bike <- read.csv("daily-bike-rentals.csv")
> bike$season <- factor(bike$season, levels = c(1,2,3,4),
    labels = c("Spring", "Summer", "Fall", "Winter"))
> attach(bike)
```

要怎么做

我们用这个方法来创建便于按照季度比较自行车租赁情况的直方图。

1. 使用基础绘图系统

我们首先来看如何用 R 的基础绘图系统创建不同季度的自行车日租赁量的直方图：

1）创建 2×2 的网格用于绘制 4 个季度的直方图：

```
> par(mfrow = c(2,2))
```

2）抽取不同季节的数据：

```
> spring <- subset(bike, season == "Spring")$cnt
> summer <- subset(bike, season == "Summer")$cnt
> fall <- subset(bike, season == "Fall")$cnt
> winter <- subset(bike, season == "Winter")$cnt
```

3）为每一个季度绘制直方图和密度图：

```
> hist(spring, prob=TRUE,
    xlab = "Spring daily rentals", main = "")
> lines(density(spring))
>
> hist(summer, prob=TRUE,
    xlab = "Summer daily rentals", main = "")
> lines(density(summer))
>
> hist(fall, prob=TRUE,
    xlab = "Fall daily rentals", main = "")
> lines(density(fall))
>
> hist(winter, prob=TRUE,
    xlab = "Winter daily rentals", main = "")
> lines(density(winter))
```

你会得到图 2-20 所示便于跨季度比较的输出图像：

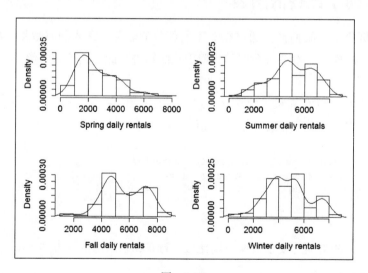

图　2-20

2. 使用 ggplot2

可以用一行命令得到之前的大部分结果（如图 2-21 所示）：

```
> qplot(cnt, data = bike) + facet_wrap(~ season, nrow=2) +
  geom_histogram(fill = "blue")
```

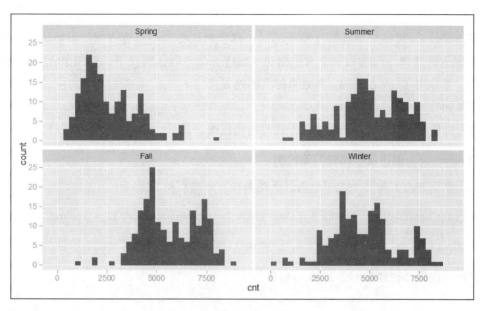

图　2-21

可以将 4 个季度的图像整合到一幅直方图中并用不同的颜色来区分不同的季度（如图 2-22 所示）：

```
> qplot(cnt, data = bike, fill = season)
```

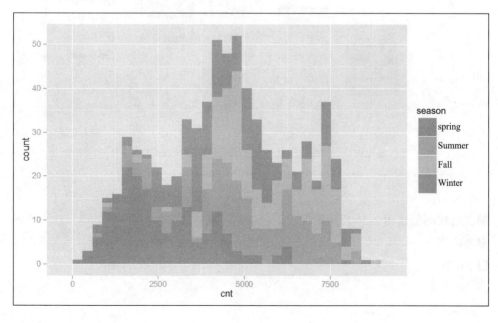

图　2-22

工作原理

当用 qplot 对一个单独的变量绘图时，你会默认得到一幅直方图。添加 facet 参数可以让你为已选择分面的每一个水平创建一幅直方图。默认情况下，这四个直方图会排列成一行，可以用 facet_wrap 参数来修改排列方式。

更多细节

也可以使用 ggplot2 来创建便于比较的箱线图。

用 ggplot2 创建便于比较的箱线图

除了默认的直方图之外，可以通过下述两种方法得到箱线图：

```
> qplot(season, cnt, data = bike, geom = c("boxplot"), fill = season)
>
> ggplot(bike, aes(x = season, y = cnt)) + geom_boxplot()
```

前面的代码会创建如图 2-23 所示输出。

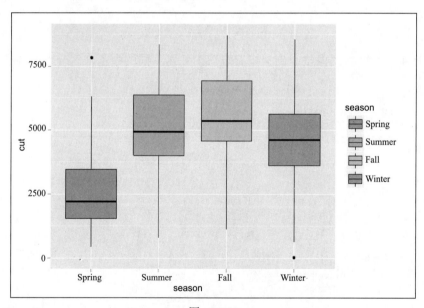

图 2-23

第二行代码创建图 2-24 所示图像。

参考内容

❑ 2.6 节

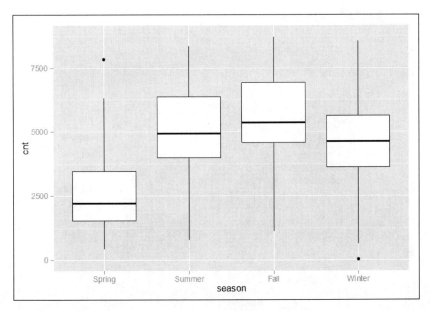

图　2-24

2.12　创建有助于发现因果关系的图表

在呈现数据的时候，与其仅仅将信息简单地呈现出来，不如呈现出对现象的解释。因果关系假设的可视化可以帮助我们清晰地交流想法。

准备就绪

如果你还没有下载本章的数据文件，现在下载并将 daily-bike-rentals.csv 保存在你的 R 工作目录中。用以下命令读取数据：

```
> bike <- read.csv("daily-bike-rentals.csv")
> bike$season <- factor(bike$season, levels = c(1,2,3,4),
  labels = c("Spring", "Summer", "Fall", "Winter"))
> bike$weathersit <- factor(bike$weathersit, levels = c(1,2,3),
  labels = c("Clear", "Misty/cloudy", "Light snow"))
> attach(bike)
```

要怎么做

通过自行车租赁数据，可以用不同天气条件下的租赁数量箱线图来展现天气与租赁数之间的因果关系假设：

```
> qplot(weathersit, cnt, data = bike, geom = c("boxplot"), fill =
weathersit)
```

前述命令的输出如图 2-25 所示。

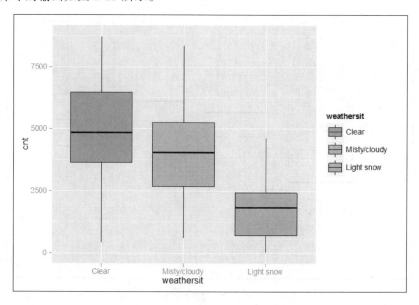

图　2-25

如果你愿意，也可以把真实的点添加到图像上；在 geom 参数中加入 "jitter"。

```
> qplot(weathersit, cnt, data = bike, geom = c("boxplot",
   "jitter"), fill = weathersit)
```

前述命令得到图 2-26 所示输出。

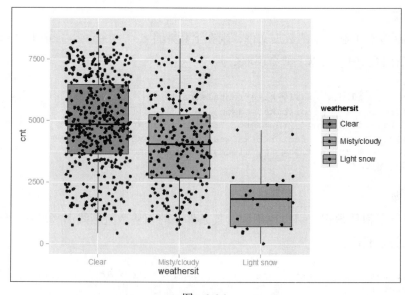

图　2-26

参考内容

❏ 2.6 节

2.13 创建多元图像

在探索数据时，我们希望能感受到尽可能多的变量之间的交互。尽管显示器和打印媒介只能展示两个维度，但是我们可以创造性地运用 R 的绘图特性来将更多的维度囊括进来。本节将展示如何表现出 5 个变量之间的关系。

准备就绪

从文件中读取数据并创建因子。同时也通过加载数据集到内存中来减少键盘输入量：

```
> library(ggplot2)
> bike <- read.csv("daily-bike-rentals.csv")
> bike$season <- factor(bike$season, levels = c(1,2,3,4),
    labels = c("Spring", "Summer", "Fall", "Winter"))
> bike$weathersit <- factor(bike$weathersit, levels = c(1,2,3),
    labels = c("Clear", "Misty/cloudy", "Light snow"))
> bike$windspeed.fac <- cut(bike$windspeed, breaks=3,
    labels=c("Low", "Medium", "High"))
> bike$weekday <- factor(bike$weekday, levels = c(0:6),
    labels = c("Sun", "Mon", "Tue", "Wed", "Thur", "Fri", "Sat"))

> attach(bike)
```

要怎么做

用以下命令创建一个多元图像：

```
> plot <- ggplot(bike,aes(temp,cnt))
> plot + geom_point(size=3, aes(color=factor(windspeed.fac))) +
    geom_smooth(method="lm", se=FALSE, col="red") +
    facet_grid(weekday ~ season) + theme(legend.position="bottom")
```

前述命令产生了如图 2-27 所示输出。

工作原理

参考 2.10 节。

参考内容

❏ 2.6 节

❏ 2.10 节

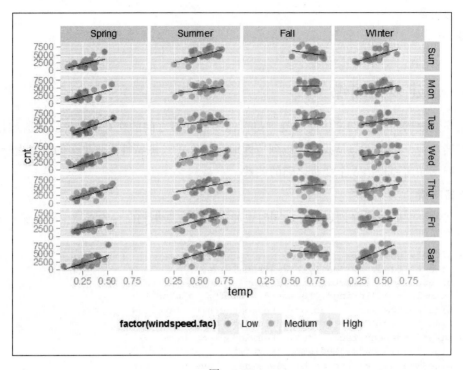

图 2-27

它属于哪儿——分类技术

3.1 引言

分析师常常希望将事物分类，例如，预测某个给定的人是否是一个潜在的买家。其他一些包含分类的例子，比如一件产品是否有缺陷，一笔退税是否是欺诈性质的，一位顾客是否会拖欠付款，一笔信用卡交易是真实的还是伪造的。本章涵盖了通过 R 应用分类技术的方法。

3.2 创建误差 / 分类 – 混淆矩阵

你也许建立了一个分类模型并希望通过比较预测值和真实值来评估这个模型。通常情况下你会在保留数据上进行这项评估。得到模型在训练集上的表现也是有用的，但你绝不能将其作为一个客观的度量。

准备就绪

如果你还没有下载本章的数据文件，现在下载并确保 college-perf.csv 这个文件在你的 R 工作目录中。这个文件包含一些大学生的数据。变量 Perf 代表了他们在大学中的成绩，分为高、中、低。变量 Pred 包含了关于成绩水平的分类预测模型的预测值。下列代码读入了数据并将因子水平转换成有意义的顺序——默认情况下 R 会将因子按照字母顺序排列：

```
> cp <- read.csv("college-perf.csv")
> cp$Perf <- ordered(cp$Perf, levels =
+             c("Low", "Medium", "High"))

> cp$Pred <- ordered(cp$Pred, levels =
+             c("Low", "Medium", "High"))
```

要怎么做

按照下列步骤建立误差 / 分类 – 混淆矩阵：

1）首先建立基于真实值和预测值的双向表格：

```
> tab <- table(cp$Perf, cp$Pred,
+             dnn = c("Actual", "Predicted"))
> tab
```

这会得出：

```
        Predicted
Actual   Low Medium High
  Low    1150     84   98
  Medium  166   1801  170
  High     35     38  458
```

2）将原始值呈现为比例或者百分比。为了得到整个表格中数据的比例，可用以下代码：

```
> prop.table(tab)

        Predicted
Actual      Low  Medium    High
  Low    0.28750 0.02100 0.02450
  Medium 0.04150 0.45025 0.04250
  High   0.00875 0.00950 0.11450
```

3）我们通常会发现按行或按列计算百分比更加方便，为了得到按行计算且四舍五入到小数点后一位数字的百分比，可将第二参数设置为 1：

```
> round(prop.table(tab, 1)*100, 1)

        Predicted
Actual   Low Medium High
  Low    86.3    6.3  7.4
  Medium  7.8   84.3  8.0
  High     6.6    7.2 86.3
```

提示　第二个参数设置为 2 会得到按列计算的比例。

工作原理

table() 函数提供了一个简单的双向交叉表。对于第一个变量的每一个唯一值,它会计算第二个变量不同值的出现次数。这个函数可以处理数值型、因子型和字符型变量。

更多细节

在处理多于两三个分类时,将误差矩阵呈现为图表有助于快速得到模型在不同分类上的表现。

1. 误差 / 分类 – 混淆矩阵的可视化

可用下面的命令创建箱线图:

```
> barplot(tab, legend = TRUE)
```

前述命令的输出如图 3-1 所示。

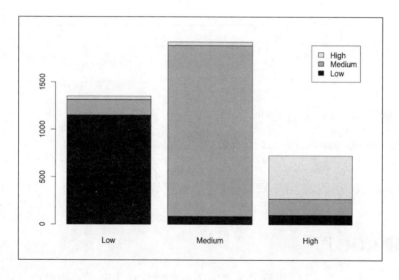

图 3-1

建立马赛克图(mosaicplot)的命令如下:

```
> mosaicplot(tab, main = "Prediction performance")
```

运行命令之后的输出如图 3-2 所示。

2. 在不同类别上比较模型的表现

可以用 summary 函数检查在各个类别上的模型是否有显著差异:

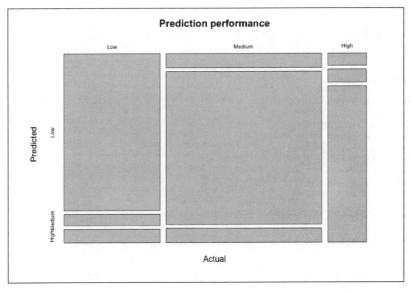

图　3-2

```
> summary(tab)

Number of cases in table: 4000
Number of factors: 2
Test for independence of all factors:
  Chisq = 4449, df = 4, p-value = 0
```

低的 p-value 告诉我们在不同的分类上，比例值有着显著差异。

3.3　创建 ROC 图

在应用分类技术时，可以依赖于技术手段来自动将样本分类。或者可以让分类技术仅仅得出样本属于各个分类的概率，然后自己来决定截断概率。接收者操作特征（ROC）图为后者建立了一个不同截断水平下的真阳性和假阳性分布的可视化展示。我们将用 ROCR 包来创建 ROC 图。

准备就绪

如果你还没有安装 ROCR 包，那么现在安装它。从下载并载入本章的数据文件，然后确保将 rocr-example-1.csv 和 rocr- example-2.csv 这两个文件存放在你的 R 工作目录中。

要怎么做

按照下列步骤创建 ROCR 图：

1）载入 ROCR 包：

```
> library(ROCR)
```

2）读入数据文件并查看数据文件：

```
> dat <- read.csv("roc-example-1.csv")
> head(dat)

      prob class
1 0.9917340     1
2 0.9768288     1
3 0.9763148     1
4 0.9601505     1
5 0.9351574     1
6 0.9335989     1
```

3）创建预测对象：

```
> pred <- prediction(dat$prob, dat$class)
```

4）创建预测表现对象：

```
> perf <- performance(pred, "tpr", "fpr")
```

5）画图：

```
> plot(perf)
> lines( par()$usr[1:2], par()$usr[3:4] )
```

得到图 3-3 所示输出。

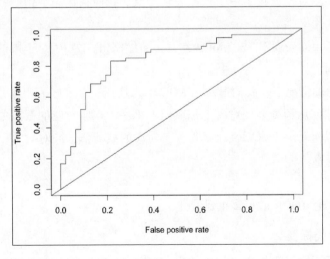

图 3-3

6）找到各个真阳性比率的截断点，从 perf 对象中抽取相关值到数据框 prob.cuts 中：

```
> prob.cuts <- data.frame(cut=perf@alpha.values[[1]], fpr=perf@x.
values[[1]], tpr=perf@y.values[[1]])
> head(prob.cuts)
        cut fpr       tpr
1       Inf   0 0.00000000
2 0.9917340   0 0.01851852
3 0.9768288   0 0.03703704
4 0.9763148   0 0.05555556
5 0.9601505   0 0.07407407
6 0.9351574   0 0.09259259

> tail(prob.cuts)
            cut       fpr tpr
96   0.10426897 0.8913043   1
97   0.07292866 0.9130435   1
98   0.07154785 0.9347826   1
99   0.04703280 0.9565217   1
100  0.04652589 0.9782609   1
101  0.00112760 1.0000000   1
```

从数据框 prob.cuts 中，我们可以选择所希望的真阳性比率对应的截断值。

工作原理

步骤 1 载入包，步骤 2 读取文件。

步骤 3 基于作为参数的概率值和分类标签创建了一个预测对象。在当前的例子中，我们的分类标签是 0 和 1，且默认 0 为"失败"组，1 为"成功"组。我们将会在下面的更多细节中看到如何处理任意的分类标签。

步骤 4 基于预测对象创建了一个预测表现对象。我们在代码中指明我们想要"真阳性比率"和"假阳性比率"。

步骤 5 绘制了预测表现对象。plot 函数并不会绘制出作为 ROC 下限的对角线，我们用第二行代码来得到它。

在已有概率值的情况下，我们通常用 ROC 图来选择一个最好的用作分类的截断值。步骤 6 为你展示了如何从预测表现对象中抽取图上每一个点所对应的截断值。在这些方法的帮助下，我们可以对每一个真阳性比率得到其对应的截断值，同时对希望的真阳性比率估计其对应的阶段概率。

更多细节

我们接下来讨论 ROCR 的更多重要特性。

使用任意的分类标签

与之前的例子不同，我们也许想为"成功"和"失败"加上任意的分类标签。rocr-example-2.csv 文件用 buyer 和 non-buyer 作为分类标签，其中 buyer 代表了成功的样本。

在这个例子中，我们需要通过传递一个分类标签分量来明确地指出成功和失败的标签，这个向量中的第一个元素是失败标签：

```
> dat <- read.csv("roc-example-2.csv")
> pred <- prediction(dat$prob, dat$class, label.ordering = c("non-
buyer", "buyer"))
> perf <- performance(pred, "tpr", "fpr")
> plot(perf)
> lines( par()$usr[1:2], par()$usr[3:4] )
```

3.4 构建、绘制和评估——分类树

可以使用好几个 R 包来构建分类树，它们在底层其实是一样的。

准备就绪

如果你还没有安装 rpart、rpart.plot 和 caret 包，现在去安装它们。下载并载入本章的数据文件，然后确保将 banknote- authentication.csv file 放置在你的 R 工作目录中。

要怎么做

本方法将展示如何用 rpart 包来构建分类树，并用 rpart.plot 包来绘制美观的树图。

1）载入 rpart、rpart.plot 和 caret 包：

```
> library(rpart)
> library(rpart.plot)
> library(caret)
```

2）读取数据：

```
> bn <- read.csv("banknote-authentication.csv")
```

3）创建数据分块。我们需要两块数据——训练数据和验证数据。与其将数据复制到分块中，不如直接保存训练集样本的索引，然后在需要的时候利用索引抽取出结果。

```
> set.seed(1000)
> train.idx <- createDataPartition(bn$class, p = 0.7, list =
FALSE)
```

4）创建树：

```
> mod <- rpart(class ~ ., data = bn[train.idx, ], method =
"class", control = rpart.control(minsplit = 20, cp = 0.01))
```

5）查看文本输出（如果你没有在第三步中设置随机数种子，那么你得到的结果可能会跟这里展示的不一样）：

```
> mod
n= 961

node), split, n, loss, yval, (yprob)
      * denotes terminal node

 1) root 961 423 0 (0.55983351 0.44016649)
   2) variance>=0.321235 511  52 0 (0.89823875 0.10176125)
     4) curtosis>=-4.3856 482  29 0 (0.93983402 0.06016598)
       8) variance>=0.92009 413  10 0 (0.97578692 0.02421308) *
       9) variance< 0.92009 69  19 0 (0.72463768 0.27536232)
        18) entropy< -0.167685 52   6 0 (0.88461538 0.11538462) *
        19) entropy>=-0.167685 17   4 1 (0.23529412 0.76470588) *
     5) curtosis< -4.3856 29   6 1 (0.20689655 0.79310345)
      10) variance>=2.3098 7   1 0 (0.85714286 0.14285714) *
      11) variance< 2.3098 22   0 1 (0.00000000 1.00000000) *
   3) variance< 0.321235 450  79 1 (0.17555556 0.82444444)
     6) skew>=6.83375 76  18 0 (0.76315789 0.23684211)
      12) variance>=-3.4449 57   0 0 (1.00000000 0.00000000) *
      13) variance< -3.4449 19   1 1 (0.05263158 0.94736842) *
     7) skew< 6.83375 374  21 1 (0.05614973 0.94385027)
      14) curtosis>=6.21865 106  16 1 (0.15094340 0.84905660)
        28) skew>=-3.16705 16   0 0 (1.00000000 0.00000000) *
        29) skew< -3.16705 90   0 1 (0.00000000 1.00000000) *
      15) curtosis< 6.21865 268   5 1 (0.01865672 0.98134328) *
```

6）创建树图（如果你没有在第三步中设置随机数种子，那么你得到的树图可能会跟这里展示的不一样）：

```
> prp(mod, type = 2, extra = 104, nn = TRUE, fallen.leaves = TRUE,
faclen = 4, varlen = 8, shadow.col = "gray")
```

前述命令的输出结果如图 3-4 所示。

7）给树剪枝：

```
> # First see the cptable
> # !!Note!!: Your table can be different because of the
> # random aspect in cross-validation
> mod$cptable

          CP nsplit  rel error    xerror       xstd
1 0.69030733      0 1.00000000 1.0000000 0.03637971
2 0.09456265      1 0.30969267 0.3262411 0.02570025
3 0.04018913      2 0.21513002 0.2387707 0.02247542
4 0.01891253      4 0.13475177 0.1607565 0.01879222
5 0.01182033      6 0.09692671 0.1347518 0.01731090
```

```
6 0.01063830        7 0.08510638 0.1323877 0.01716786
7 0.01000000        9 0.06382979 0.1276596 0.01687712

> # Choose CP value as the highest value whose
> # xerror is not greater than minimum xerror + xstd
> # With the above data that happens to be
> # the fifth one, 0.01182033
> # Your values could be different because of random
> # sampling
> mod.pruned = prune(mod, mod$cptable[5, "CP"])
```

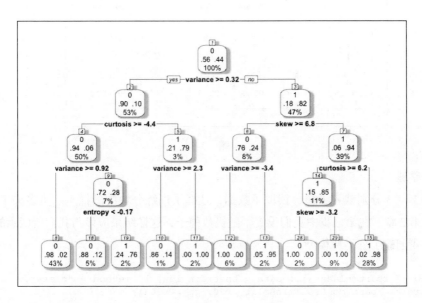

图 3-4

8）查看剪枝后的树（你的树可能会不一样），如图 3-5 所示。

```
> prp(mod.pruned, type = 2, extra = 104, nn = TRUE, fallen.leaves
= TRUE, faclen = 4, varlen = 8, shadow.col = "gray")
```

9）用剪枝后的树模型对验证分块做预测（请注意验证分块中 train.idx 前的负号）：

```
> pred.pruned <- predict(mod, bn[-train.idx,], type = "class")
```

10）创建误差 / 分类 – 混淆矩阵：

```
> table(bn[-train.idx,]$class, pred.pruned, dnn = c("Actual",
"Predicted"))
       Predicted
Actual   0    1
     0 213   11
     1  11 176
```

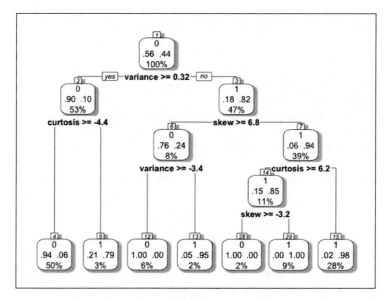

图 3-5

工作原理

步骤 1 ～ 3 分别载入了包，读取了数据，选择了训练分块中的样本。更多关于分块的细节请参考第 2 章。在第三步中我们设置了随机数种子，这样结果应该与我们所展示的一致。

步骤 4 创建了分类树模型：

```
> mod <- rpart(class ~ ., data = bn[train.idx, ], method = "class",
control = rpart.control(minsplit = 20, cp = 0.01))
```

rpart() 函数基于如下信息来创建树模型：

❑ 指定了自变量和因变量的公式。

❑ 所使用的数据集。

❑ method="class" 指明我们想要建立分类树（与回归树相对应）。

❑ 控制参数 control = rpart.control() 设置。这里我们设置了树的节点最少需要包含 20 个样本才能进行进一步的分割，同时复杂度参数设置为 0.01——这两个值其实就是默认值，我们在此写出来是为了举例说明。

步骤 5 产生了模型结果的一个文本展示。步骤 6 用 rpart.plot 包中的 prp() 函数给出了一个美观的树图：

```
> prp(mod, type = 2, extra = 104, nn = TRUE, fallen.leaves = TRUE,
faclen = 4, varlen = 8, shadow.col = "gray")
```

❑ 用 type=2 来得到类型 2 的树图。此类图中每一个节点都有文字标签，且在每一个节点下方有分隔标签。

❏ 用 extra=4 来显示 1 个节点中分属不同类别的样本的概率（对同一个节点而言的条件概率，因此和为 1）；加上 100（于是 extra=104）可以显示一个节点中的样本量相对于整体样本总量的百分比。

❏ 用 nn = TRUE 来显示节点编号；根节点为 1 且第 n 个节点的子节点编号为 2n 和 2n+1。

❏ 用 fallen.leaves=TRUE 将所有的叶节点展示在图像的底部。

❏ 用 faclen 将节点中的分类名缩减至不超过最大长度 4。

❏ 用 varlen 来缩减变量名。

❏ 用 shadow.col 来指定每个节点的阴影颜色。

步骤 7 通过为树剪枝来降低模型过度依赖与训练集的可能性，即减少过度拟合。在这一步中，我们首先查看从交叉验证中得到的复杂性表格，然后用这张表来决定截断复杂性水平，使得最大的 xerror（交叉验证误差）不超过最小交叉误差的一倍标准差范围。

步骤 8 ~ 10 展示了剪枝后的树；用剪枝后的树来预测验证分块所属的类别，并生成验证分块的误差矩阵。

更多细节

接下来我们讨论分类树预测的一个重要变体。

1. 计算原始概率

我们可将分类参数替换为 type="prob" 来得到概率值：

```
> pred.pruned <- predict(mod, bn[-train.idx,], type = "prob")
```

2. 创建 ROC 图

使用上述原始概率和分类标签，我们可以创建 ROC 图。更多细节可参考 3.3 节的方法（结果如图 3-6 所示）：

```
> pred <- prediction(pred.pruned[,2], bn[-train.idx,"class"])
> perf <- performance(pred, "tpr", "fpr")
> plot(perf)
```

参考内容

❏ 2.5 节

❏ 3.2 节

❏ 4.6 节

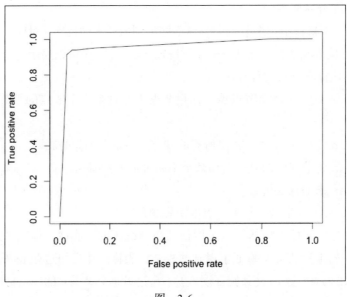

图 3-6

3.5 用随机森林模型分类

randomForest 这个包可帮助你轻松运用强大（但是计算密集）的随机森林分类技术。

准备就绪

如果你还没有安装 randomForest 和 caret 包，那么现在安装它。下载本章数据文件 banknote-authentication.csv 并放置于你的 R 工作目录中。我们会基于其他变量创建一个随机森林模型来预测 class 变量。

要怎么做

要使用随机森林模型进行分类，请遵循下述步骤：

1）载入 randomForest 和 caret 包：

```
> library(randomForest)
> library(caret)
```

2）读取数据并将响应变量转换为因子：

```
> bn <- read.csv("banknote-authentication.csv")
> bn$class <- factor(bn$class)
```

3）选择数据的一个子集来建模。在随机森林中，我们不需要真的分割数据来评估模型，因为树的构造过程中的每一步已经暗含了分割的过程。然而，我们在此保留一部分数据仅仅是为了举例说明用模型来预测的过程，并且得到模型的表现水平：

```
> set.seed(1000)

> sub.idx <- createDataPartition(bn$class, p=0.7, list=FALSE)
```

4）创建随机森林模型（由于它建立了很多分类树，下面的命令即使在中等大小的数据集上运行也会耗费大量时间）：

```
> mod <- randomForest(x = bn[sub.idx,1:4], y=bn[sub.
idx,5],ntree=500, keep.forest=TRUE)
```

5）用模型为第 3 步中保留的数据样本做预测：

```
>  pred <- predict(mod, bn[-sub.idx,])
```

6）建立误差矩阵：

```
> table(bn[-sub.idx,"class"], pred, dnn = c("Actual",
"Predicted"))
      Predicted
Actual   0   1
     0 227   1
     1   1 182
```

工作原理

步骤 1 载入了必需的包，步骤 2 读入数据并将响应变量转换为因子。

第 3 步将一些数据保留起来以作后面使用。严格来讲，我们并不需要为随机森林分割数据，因为在建立每一棵树的时候，此方法会保留一部分数据用作交叉验证。我们在此保留一些样本仅仅是为了举例说明用模型来预测的整个过程（我们设定了随机数种子使你的结果能跟我们的一致）。

第 4 步用 randomForest 函数来构建模型。由于预测变量是数据框中的前四个，并且我们只是用选中的子集来建模，因此我们指定 x= bn[sub.idx,1:4]。由于目标变量在第五列，我们指定 y= bn[sub.idx,5]。我们用 ntree 参数规定了森林中所需创建的树的数量（默认值为 500）。

步骤 5 说明了如何用模型做预测。

步骤 6 用预测值和真实值来构建误差矩阵。

提示 通过 randomForest 函数建立的模型不会保留这些树的信息，因此我们无法用这个模型来预测未来的样本。如需强制这个模型保留创建好的森林，可使用参数 keep.forest=TRUE。

更多细节

我们接下来讨论一些重要的选项。

1. 计算原始概率

对于简单的分类树模型，我们可以通过指定 type="prob" 来产生概率值而不是分类（type 的默认值 "response" 产生分类模型）。

```
>  probs <- predict(mod, bn[-sub.idx,], type = "prob")
```

2. 创建 ROC 图

使用之前得出的概率，我们可以创建 ROC 图。更多细节可以参考 3.3 节。

```
> pred <- prediction(probs[,2], bn[-sub.idx,"class"])
> perf <- performance(pred, "tpr", "fpr")
> plot(perf)
```

前述命令的输出结果如图 3-7 所示。

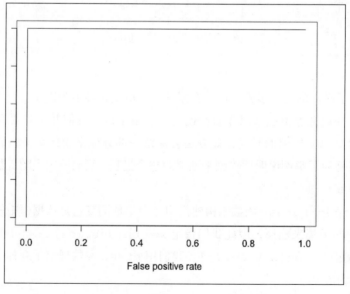

False positive rate

图　3-7

3. 指定分类的截断值

除了使用默认的简单分类规则，我们可以指定一个长度等于类别数的截断概率向量。投票比率和截断比率之间的比例决定了胜出的类别。我们可以同时在创建树和做预测时指定这个截断概率向量。

参考内容

❑ 2.5 节

❑ 3.2 节

❑ 4.7 节

3.6 用支持向量机分类

e1071 包可以帮助你轻松应用非常强大的**支持向量机**（SVM）分类技术。

准备就绪

如果你还没有安装 e1071 包和 caret 包，那么现在安装它。下载本章的数据文件，然后确保将 banknote-authentication.csv 文件放置在你的 R 工作目录中。我们会基于其他变量建立支持向量机模型来预测 class 变量。

要怎么做

为了用 SVM 进行分类，请遵循以下步骤：

1）载入 e1071 和 caret 包：

```
> library(e1071)
> library(caret)
```

2）读取数据：

```
> bn <- read.csv("banknote-authentication.csv")
```

3）将输出变量转换为因子：

```
> bn$class <- factor(bn$class)
```

4）为数据分块：

```
> set.seed(1000)
> t.idx <- createDataPartition(bn$class, p=0.7, list=FALSE)
```

5）建立模型：

```
> mod <- svm(class ~ ., data = bn[t.idx,])
```

6）生成一个误差 / 分类 – 混淆矩阵来检验模型在训练集上的表现：

```
> table(bn[t.idx,"class"], fitted(mod), dnn = c("Actual",
"Predicted"))
      Predicted
Actual   0   1
```

```
0 534   0
1   0 427
```

7）在验证分块上考查模型的表现：

```
> pred <- predict(mod, bn[-t.idx,])
> table(bn[-t.idx, "class"], pred, dnn = c("Actual", "Predicted"))
        Predicted
Actual   0   1
     0 228   0
     1   0 183
```

8）在训练分块上绘制模型的图像。我们的数据包含多于两个的预测变量，但我们只能在图像中展示两个，我们选择了 skew 和 variance：

```
> plot(mod, data=bn[t.idx,], skew ~ variance)
```

前述命令的输出见图 3-8。

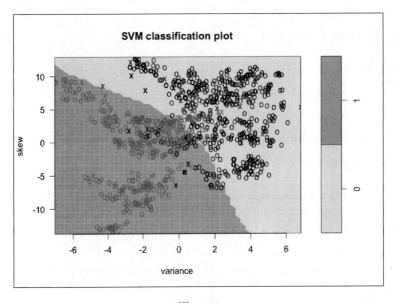

图　3-8

9）在验证分块上绘制模型的图像。我们的数据包含多于两个的预测变量，但我们只能在图像中展示两个，我们选择了 skew 和 variance：

```
> plot(mod, data=bn[-t.idx,], skew ~ variance)
```

前述命令的输出如图 3-9 所示。

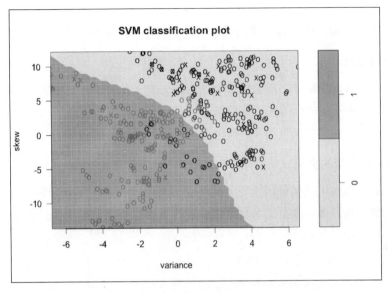

图 3-9

工作原理

步骤1载入了必需的包。

步骤2读取了数据。

步骤3将输出变量class转换为因子。

步骤4指定了训练分块中要包含的样本（我们设置了随机数种子，这样结果应该与我们所展示的一致）。

步骤5建立了SVM分类模型。svm函数会根据输出变量的属性而决定模型的类型（分类或回归）。当输出变量是因子时，svm会建立一个分类模型。我们至少需要传递给模型参数的是公式和我们所使用的数据集（或者，我们也可以将输出变量和预测变量分别传递给x和y参数）。

步骤6用得到的包含整个模型的svm对象mod来创建一个误差/分类−混淆矩阵。这个svm模型保留了其在训练分块上的拟合值，因此我们不需要再为训练集计算预测值。我们用fitted(mod)来得到拟合值。关于table函数的更多细节可参考3.2节的方法。

步骤7使用predict函数在验证分块上生成了模型的预测值。我们将需要预测的数据以参数的形式传递给模型。它会用这些预测值来生成有关的误差/分类−混淆矩阵。

步骤8和步骤9调用plot函数绘制模型的结果。我们将需要绘制的模型和数据以参数的形式传递给plot函数。如果原始数据中只有两个预测变量，我们就可以绘制完整的图像。在例子中原始数据包含四个预测变量，所以我们只能选择其中两个来画图。

更多细节

svm 函数有一些附加的参数。我们可以通过它们来控制模型。

1. 控制变量缩放

默认情况下，svm 在建模之前会将所有的变量（预测变量和输出变量）缩放至均值为 0，方差为 1。因为这样做通常会得到更好的结果。我们可以用参数 scale（一个逻辑向量）来控制这一过程。如果向量的长度为 1，则它会循环使用足够多次。

2. 决定 SVM 模型的类型

默认情况下，当输出变量是因子时，svm 会运行一个分类模型，当输出变量是数值时，会运行回归模型。我们可以改写这个默认值或通过下面这些类型值来选择模型 type：

❑ type = C-classification

❑ type = nu-classification

❑ type = one-classification

❑ type = eps-regression

❑ type = nu-regression

3. 分类别赋予权重

如果不同类别间的大小是严重偏斜的，则占多数的类别会在建模时处于支配地位。为了平衡它，我们也许想为不同的类别赋予不相等的权重而不是默认的等权重。我们可使用参数 class.weights 来做：

```
> mod <- svm(class ~ ., data = bn[t.idx,], class.weights=c("0"=0.3,
"1"=0.7 ))
```

参考内容

❑ 2.5 节

❑ 3.2 节

3.7　用朴素贝叶斯分类

e1071 包中包含了可用于朴素贝叶斯分类的 naiveBayes 函数。

准备就绪

如果你还没有安装 e1071 和 caret 包，那么现在安装它。下载本章的数据文件，然后确保将 electronics-purchase．csv 这个文件放置在你的 R 工作目录中。朴素贝叶斯算法要求所有变量都是分类变量。因此，若有必要，你应该先把所有的变量转换类型，做法可以参考 1.12 节。

要怎么做

为了使用朴素贝叶斯方法来分类，请遵循以下步骤：

1）载入 e1071 和 caret 包：

```
> library(e1071)
> library(caret)
```

2）读取数据：

```
> ep <- read.csv("electronics-purchase.csv")
```

3）将数据分块：

```
> set.seed(1000)
> train.idx <- createDataPartition(ep$Purchase, p = 0.67, list =
FALSE)
```

4）建立模型：

```
> epmod <- naiveBayes(Purchase ~ . , data = ep[train.idx,])
```

5）查看模型：

```
> epmod
```

6）为验证分块中的每一个样本做预测：

```
> pred <- predict(epmod, ep[-train.idx,])
```

7）生成并查看关于验证分块的误差 / 分类 – 混淆矩阵：

```
> tab <- table(ep[-train.idx,]$Purchase, pred, dnn = c("Actual",
"Predicted"))
> tab
       Predicted
Actual No Yes
   No   1   1
   Yes  0   2
```

工作原理

步骤 1 载入了必备的包，步骤 2 读取了数据，步骤 3 确定了训练分块中的样本所对应的行号（我们设定了随机数种子，使结果与我们展示的保持一致）。

步骤 4 使用 naiveBayes() 函数建模，并将公式和训练分块以参数的形式传递到函数中。步骤5展示了 naiveBayes() 函数所生成的，用于做预测的条件概率。

步骤6用模型对验证分块做预测。步骤7构造了如图3-10所示的误差矩阵。

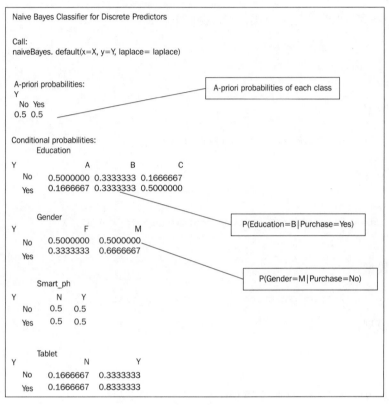

图 3-10

步骤6通过 predict() 函数以及模型和验证分块的数据为验证分块内每一个样本做预测。步骤7用 table() 函数生成了误差/分类－混淆矩阵。

参考内容

❑ 2.5 节

3.8 用 K 最近邻分类

class 包中包括了用于 K 最近邻分类的 knn 函数。

准备就绪

如果你还没有安装 class 和 caret 包，那么现在安装它。下载本章的数据文件，然后确保将 vacation-trip-classification.csv 放置在你的 R 工作目录中。knn 要求所有的独立预测变量都是数值类型的，并且因变量或目标变量是分类变量。因此，如果有需要，你应该首先转换变量类型。具体做法可以参考 1.12 节和 1.13 节。

要怎么做

为了用 K 最近邻方法来做分类，请遵循以下步骤。

1）载入 class 和 caret 包：

```
> library(class)
> library(caret)
```

2）读取数据：

```
> vac <- read.csv("vacation-trip-classification.csv")
```

3）将预测变量 Income 和 Family_size 标准化：

```
> vac$Income.z <- scale(vac$Income)
> vac$Family_size.z <- scale(vac$Family_size)
```

4）将数据分块。对于 knn 你需要 3 个分块：

```
> set.seed(1000)
> train.idx <- createDataPartition(vac$Result, p = 0.5, list =
FALSE)
> train <- vac[train.idx, ]
> temp <- vac[-train.idx, ]
> val.idx <- createDataPartition(temp$Result, p = 0.5, list =
FALSE)
> val <- temp[val.idx, ]
> test <- temp[-val.idx, ]
```

5）当 k=1 时生成验证集的预测结果：

```
> pred1 <- knn(train[4:5], val[,4:5], train[,3], 1)
```

6）对 k=1 生成误差矩阵：

```
> errmat1 <- table(val$Result, pred1, dnn = c("Actual",
"Predicted"))
```

7）对多种 k 值重复进行上述过程，然后从中选择最佳的 k 值。这一步的自动化处理请查看更多。

8）用选择出的最佳 K 值来对预测分块中的样本生成预测值和误差矩阵（在以下代码中，我们假设 k=1 是最佳的）

```
> pred.test <- knn(train[4:5], test[,4:5], train[,3], 1)
> errmat.test = table(test$Result, pred.test, dnn = c("Actual",
"Predicted"))
```

工作原理

步骤 1 ~ 3 载入了必需的包和数据文件。

步骤 4 创建了三个分块（50%，25% 和 25%）。我们用随机数种子来使结果与我们所展示的保持一致。更多关于数据分块的细节请参考 2.5 节。

步骤 5 用 k=1 时的 knn 函数来生成预测值。这里只使用了标准化后的预测变量的值，即 train[,4:5] 和 val[,4:5]。

步骤 6 生成了 k=1 时的误差矩阵。

更多细节

我们现在转向另外一些使用 KNN 分类的方法。

1. 对多个 k 值自动运行 KNN 过程

从多个 k 值中寻找最佳值需要重复运行多次几乎一样的代码。下面这个方便的函数可以将你从这繁重的工作中解放出来。

```
knn.automate <- function (trg_predictors, val_predictors, trg_target,
val_target, start_k, end_k)
{
  for (k in start_k:end_k) {
    pred <- knn(trg_predictors, val_predictors,
                            trg_target, k)
    tab <- table(val_target, pred, dnn = c("Actual", "Predicted"))
    cat(paste("Error matrix for k=", k,"\n"))
    cat("=========================\n")
    print(tab)
    cat("-------------------------\n\n\n")
  }
}
```

有了上述这个函数，你就可以对本章主方法中的例子从 k=1 到 k=7 运行 knn：

```
> knn.automate(train[,4:5], val[,4:5], train[,3], val[,3], 1,7)
```

2. 用 KNN 计算原始概率而非分类值

当我们用 KNN 对样本分类时，其背后的算法使用了一个简单的投票来决定分类。在这样的例子中，我们默认所有的误差都同等重要。然而，对于非对称代价的情况，即当我们准备让其中一种错误比另一种更加易于接受时，我们也许并不想用简单的投票来决定样本所属的类别。取而代之的，我们想得到样本属于每一个类别的原始概率（比例）并选择一个用于分类的阶段概率。举个例子,将一个买家错误归类为非买家的代价可能 10 倍于将一个非买家错误归类为买家的代价。因此一个简单的投票会要求一个略大于 0.5 的概率值。

若要计算原始概率而不是分类,请使用参数 prob=TRUE 例如:

```
> pred5 <- knn(train[4:5], val[,4:5], train[,3], 5, prob=TRUE)
> pred5
[1] 1.0000000 0.8000000 1.0000000 0.6000000 0.8000000
[6] 0.6000000 0.6000000 0.8333333 0.6000000 0.8333333
Levels: Buyer Non-buyer
```

3.9 用神经网络分类

nnet 包中包含了可用神经网络来做分类的 nnet 函数。

准备就绪

如果你还没有安装 nnet 和 caret 包,那么现在安装它。下载本章的数据文件,然后确保将 banknote-authentication.csv 这个文件放置在你的 R 工作目录中。我们将 class 作为我们的目标变量或输出变量,所有其他的变量作为预测变量。神经网络模型要求所有的自变量 / 预测变量为数值类型,且因变量或输出变量为 0-1 型。然而,生成哑变量(用于对比)和正确处理分类型输出变量的工作都可以由 nnet 函数完成。

要怎么做

要使用神经网络来分类,请遵循以下步骤:

1)载入 nnet 和 caret 包:

```
> library(nnet)
> library(caret)
```

2)读取数据:

```
> bn <- read.csv("banknote-authentication.csv")
```

3)将输出变量转换为因子:

```
> bn$class <- factor(bn$class)
```

4)为数据分块。预测变量已经是数值型的了,输出变量 class 也已经是 0-1 型,因此我们不需要再做任何数据准备工作。参考 2.5 节理解以下命令的细节:

```
> train.idx <- createDataPartition(bn$class, p=0.7, list = FALSE)
```

5)建立神经网络模型:

```
> mod <- nnet(class ~., data=bn[train.idx,],size=3,maxit=10000,dec
ay=.001, rang = 0.05)
```

6）用模型来预测验证分块：

```
> pred <- predict(mod, newdata=bn[-train.idx,], type="class")
```

7）为验证分块建立并显示误差 / 分类 – 混淆矩阵：

```
> table(bn[-train.idx,]$class, pred)
```

工作原理

步骤 1 载入了所需的包，步骤 2 读取了数据。

步骤 3 将输出变量转换为因子。对于用 nnet 来施行分类的过程，我们需要输出变量是一个因子。如果你的预测变量是用数值形式保存的分类变量，则将它们转换为因子以便 nnet 可以正确处理它们。由于只有数值型的预测变量，我们就不需要对它做任何处理。

步骤 4 将数据分块。这一步可以参考 2.5 节。

步骤 5 建立了神经网络模型。我们将公式和数据集作为前两个参数传递给模型。

❏ size 参数指定了内部层中单元的数量（nnet 只用一个隐藏层）。一个粗略的估计方法是将隐藏层中单元的数量设置为输入层单元数量和输出层单元数量的均值。更大的值会得到更好的结果，但代价是计算时间会变得更长。

❏ maxit 参数指定了算法为了收敛而做的最大迭代次数。如果在达到这个限制之前就收敛了则迭代停止，否则算法会在达到最大迭代次数时停止。

❏ decay 参数用来控制过度拟合。

步骤 6 使用模型生成验证分块上的预测值，我们用 type = "class" 得到分类值。

步骤 7 生成误差 / 分类 – 混淆矩阵。

更多细节

我们接下来讨论如何更好地控制模型搭建和预测的过程。

1. 更好地控制 nnet

使用以下额外选项：

❏ na.action：默认情况下，任何缺失值都会引起函数运行失败，你可以指定 na.action = na.omit 来排除包含缺失值的样本。

❏ 使用参数 skip = TRUE 添加从输入节点到输出节点的直接连接。

❏ 使用参数 rang 来指定初始随机权重的范围 [-rang, rang]，如果输入值很大，选择能令 rang*(max|variable|) 接近于 1 的权重范围。

2. 得到原始概率

用 type = "raw" 选项来生成原始概率：

```
> pred <- predict(mod, newdata=bn[-train.idx,] type="raw")
```

3.10 用线性判别函数分类

MASS 包中包含了用线性判别分析函数来分类的 lda 函数。

准备就绪

如果你还没有安装 MASS 和 caret 包，那么现在安装它。下载本章的数据文件，然后确保将 banknote- authentication.csv 这个文件放置在你的 R 工作目录中。我们会用 class 作为我们的目标或输出变量，所有其他变量为预测变量。

要怎么做

要使用 线性判别函数来分类，请遵循以下步骤：

1）载入 MASS 和 caret 包：

```
> library(MASS)
> library(caret)
```

2）读取数据：

```
> bn <- read.csv("banknote-authentication.csv")
```

3）将输出变量转换为因子：

```
> bn$class <- factor(bn$class)
```

4）为数据分块。预测变量已经是数值型的了，输出变量 class 也已经是 0-1 型的了，所以我们不需要再对数据做任何准备工作。若对下面的命令细节有任何疑问，请参考 2.5 节。

```
> set.seed(1000)
> t.idx <- createDataPartition(bn$class, p = 0.7, list=FALSE)
```

5）建立线性判别函数模型：

```
> ldamod <- lda(bn[t.idx, 1:4], bn[t.idx, 5])
```

6）检查模型在训练分块上的表现（由于随机分块的不同，你的结果会不一样）：

```
> bn[t.idx,"Pred"] <- predict(ldamod, bn[t.idx, 1:4])$class
> table(bn[t.idx, "class"], bn[t.idx, "Pred"], dnn = c("Actual",
"Predicted"))
       Predicted
Actual   0    1
     0  511   23
     1   0  427
```

7）在验证分块上生成预测值并检查预测表现（你的结果可能会不一样）：

```
> bn[-t.idx,"Pred"] <- predict(ldamod, bn[-t.idx, 1:4])$class
> table(bn[-t.idx, "class"], bn[-t.idx, "Pred"], dnn = c("Actual",
"Predicted"))
        Predicted
Actual    0    1
     0  219    9
     1    0  183
```

工作原理

步骤 1 载入了 MASS 和 caret 包，步骤 2 读取了数据。

步骤 3 将输出变量转换为因子。

步骤 4 分割了数据。我们设置了随机数种子使你能得到跟我们一致的结果。

步骤 5 建立了线性判别函数模型。我们将预测变量传递为 lda 函数中的第一个参数。输出变量传递为 lda 函数中的第二个参数。我们也可以用一个公式来提供这些细节——参考接下来的"更多细节"。

步骤 6 使用了 predict 函数为训练分块做预测。我们传递了模型和预测变量。predict 函数的返回对象中的 class 组件包含了预测出的类别值。然后我们用 table 函数得到一个双向交叉表。

步骤 7 通过重复以上两步来评估模型在验证分块上的表现。

更多细节

lda 函数有一些可选参数，我们已经展示了其中最常用的一些参数。

使用公式形式的 lda

除了直接将预测变量和输出指定为两个单独的参数，我们也可以把步骤 5 改写为：

```
> ldamod <- lda(class ~ ., data = bn[t.idx,])
```

参考内容

❑ 2.5 节

3.11 用逻辑回归分类

stats 包中包括了 glm 函数，可将逻辑回归用于分类。

准备就绪

如果你还没有安装 caret 包，那么现在安装它。下载本章的数据文件，然后确保将 boston-housing-logistic. csv 这个文件放置在你的 R 工作目录中。我们会用 CLASS 作为我们的目标或输出变量。所有其他变量都作为预测变量，我们的输出值是 0 或

1，其中0代表周围房价的中位数较低，1代表周围房价的中位数较高。逻辑回归要求所有的自变量/预测变量都是数值型的，并且因变量或输出是二分类变量。不过 glm 函数自己会处理为分类变量创建哑变量的工作。

要怎么做

要使用逻辑回归来做分类，请遵循以下步骤：

1）载入 caret 包：

```
> library(caret)
```

2）读取数据：

```
> bh <- read.csv("boston-housing-logistic.csv")
```

3）将输出变量转换为因子：

```
> bh$CLASS <- factor(bh$CLASS, levels = c(0,1))
```

4）为数据分块。预测变量已经是数值型的了，输出变量 CLASS 也已经是 0-1 型，因此我们并不需要再做任何数据准备工作。关于下列命令的细节，请参考 2.5 节。

```
> set.seed(1000)
> train.idx <- createDataPartition(bh$CLASS, p=0.7, list = FALSE)
```

5）建立逻辑回归模型：

```
> logit <- glm(CLASS~., data = bh[train.idx,], family=binomial)
```

6）查看模型（你的结果可能会因数据的随机分块的不同而不同）：

```
> summary(logit)
 Call:
glm(formula = CLASS ~ ., family = binomial, data = bh[train.idx,
    ])

Deviance Residuals:
    Min      1Q  Median       3Q      Max
-2.2629  -0.3431  0.0603   0.3251   3.3310

Coefficients:
             Estimate Std. Error z value Pr(>|z|)
(Intercept) 33.452508   4.947892   6.761 1.37e-11 ***
NOX        -31.377153   6.355135  -4.937 7.92e-07 ***
DIS         -0.634391   0.196799  -3.224  0.00127 **
RAD          0.259893   0.087275   2.978  0.00290 **
TAX         -0.007966   0.004476  -1.780  0.07513 .
PTRATIO     -0.827576   0.138782  -5.963 2.47e-09 ***
```

```
B              0.006798   0.003070   2.214   0.02680 *
---
Signif. codes:  0 '***' 0.001 '**' 0.01 '*' 0.05 '.' 0.1 ' ' 1

(Dispersion parameter for binomial family taken to be 1)

    Null deviance: 353.03  on 254   degrees of freedom
Residual deviance: 135.08  on 248   degrees of freedom
AIC: 149.08

Number of Fisher Scoring iterations: 6
```

7）计算验证分块中样本的"成功"概率并保存为变量 PROB_SUCC：

```
> bh[-train.idx,"PROB_SUCC"] <- predict(logit, newdata = bh[-
train.idx,], type="response")
```

8）用 0.5 的阶段概率将样本分类：

```
> bh[-train.idx,"PRED_50"] <- ifelse(bh[-train.idx, "PROB_SUCC"]>=
0.5, 1, 0)
```

9）建立误差 / 分类混淆矩阵（你的结果可能会不一样）：

```
> table(bh[-train.idx, "CLASS"], bh[-train.idx, "PRED_50"],
dnn=c("Actual", "Predicted"))
      Predicted
Actual  0  1
     0 42  9
     1 10 47
```

工作原理

步骤 1 载入 caret 包，步骤 2 读取了数据文件。

步骤 3 将输出变量转换成因子。当输出变量是一个因子时，glm 函数会将其第一个因子水平看做"失败"，将其他水平视为"成功"。在这个例子中，我们想让它把 "0" 看作失败而把 "1" 视为成功。为了强制让 0 成为第一个水平（即"失败"），我们通过 levels = c(0,1) 指定了因子的水平。

步骤 4 创建了数据分块（我们设置了随机数种子，使结果应该与我们所展示的一致）。

步骤 5 建立了逻辑回归模型并保存为 logit 变量。请注意我们已经指定这里的数据时训练分块中的那些样本。

步骤 6 展示了这个模型的重要信息。Deviance Residuals：这一块给出的是对数成败比率而非概率值的变异分布信息。coefficients 这一部分显示出所有用到的系数都是统计意义上显著的。

步骤 7 使用我们的逻辑回归模型 logit 来生成验证分块中的样本的概率。这里没有一个直接的函数能用这个 logit 模型做分类。这就是我首先通过指定 type = "response" 来生成概率的原因。

步骤 8 用 0.5 的截断概率将样本分类。可以按照不同类别的相对误分类损失来选择一个不同的截断值。

步骤 9 为之前的分类结果生成了误差 / 分类 – 混淆矩阵。

3.12　用 AdaBoost 来整合分类树模型

R 中有几个包可以执行增强算法。这个方法让我们将很多相对不精确的模型组合起来得到一个相对精确的模型。ada 包就提供了基于分类树的增强算法。

准备就绪

如果你还没有安装 ada 和 caret 包，那么现在安装它。下载本章的数据文件，然后确保将 banknote- authentication.csv 这个文件放置在你的 R 工作目录中。我们会把 class 用作我们的目标变量或分类变量，所有其他变量作为预测变量。

要怎么做

要使用 AdaBoost 来整合分类树模型，请遵循以下步骤：

1）载入 caret 和 ada 包：

```
> library(caret)
> library(ada)
```

2）读取数据：

```
> bn <- read.csv("banknote-authentication.csv")
```

3）将 outcome 变量的类型转换为因子：

```
> bn$class <- factor(bn$class)
```

4）创建分割：

```
> set.seed(1000)
> t.idx <- createDataPartition(bn$class, p=0.7, list=FALSE)
```

5）创建 rpart.control 对象：

```
> cont <- rpart.control()
```

6）建立模型：

```
> mod <- ada(class ~ ., data = bn[t.idx,], iter=50, loss="e",
type="discrete", control = cont)
```

7）查看模型结果。显示结果包含了训练集上的误差/分类–混淆矩阵以及其他信息（由于随机分割的原因，你得到的结果可能会跟这里展示的不一样）。

```
> mod

 Call:
ada(class ~ ., data = bn[t.idx, ], iter = 50, loss = "e", type =
"discrete",
    control = cont)

Loss: exponential Method: discrete   Iteration: 50

Final Confusion Matrix for Data:
          Final Prediction
True value   0   1
         0 534   0
         1   0 427

Train Error: 0

Out-Of-Bag Error:  0.002  iteration= 49

Additional Estimates of number of iterations:

train.err1 train.kap1
        33         33
```

8）在验证分块上生成预测值：

```
> pred <- predict(mod, newdata = bn[-t.idx,], type = "vector")
```

9）在验证分块上创建误差/分离–混淆矩阵：

```
> table(bn[-t.idx, "class"], pred, dnn = c("Actual", "Predicted"))
```

工作原理

步骤 1 载入了必需的 caret 和 ada 包。

步骤 2 读取了数据。

步骤 3 将输出变量转换为因子，因为我们将要应用分类手段。

步骤 4 创建分割（我们设置了随机数种子，这样你的结果应该与我们所展示的一致）。

ada 函数会使用 rpart 函数生成多棵分类树。为此它需要我们提供一个 rpart.control 对象。步骤 5 创建了一个默认的 rpart.control 对象。

步骤6建立了 AdaBoost 模型。我们将公式和数据框传递给模型并输入 `type = "discrete"` 来指定模型的类型是分类而非回归。另外，我们也指定了增强迭代的次数上限以及增强算法所采用的损失函数为指数损失函数 `loss="e"`。

步骤7展示了模型。

步骤8在验证分块上生成了预测值。步骤9建立了误差/分类–混淆矩阵。

给我一个数——回归分析

4.1　引言

　　很多情况下，数据分析师试着用数值化预测和回归技术来得到某个数值。例如，某个产品的未来销量，某家银行下个月收到的存款量，某本书的销量，某辆二手车的预计售价。本章涵盖了一些用 R 来运用回归技术的方法。

4.2　计算均方根误差

　　你可以建立一个回归模型并希望通过比较模型的预测值和真实值来评估模型。通常你会在训练数据集上评估模型的表现，但一个客观的衡量依赖于模型在保留数据集上的表现。

　　准备就绪

　　如果你还没有下载本章的数据文件，现在去下载并确保将 rmse.csv 文件放置于你的 R 工作目录中。这个文件包含了一组真实价格和一组基于某个回归方法的预测价格。我们会计算这个预测值的均方根（Root Mean Squard，RMS）误差。

　　要怎么做

　　当使用回归技术时，能够生成预测值，本方法会向你展示在给定输出变量的预测值和真实值时，如何计算均方根误差：

　　1）用如下命令计算 RMS 误差：

```
> dat <- read.csv("rmse-example.csv")
> rmse <- sqrt(mean((dat$price-dat$pred)^2))
> rmse

[1] 2.934995
```

2）绘制结果并显示 45 度线：

```
> plot(dat$price, dat$pred, xlab = "Actual",
ylab = "Predicted")
> abline(0, 1)
```

前述命令的输出如图 4-1 所示。

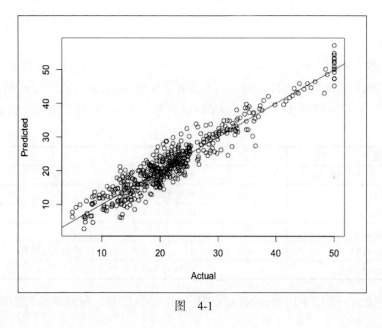

图 4-1

工作原理

步骤 1 根据定义（误差的平方的均值的平方根）计算了 RMS 误差。这个 dat$price-dat$pred 表达式计算了误差向量，包含着它的代码计算了误差的平方根的均值，然后得到了它的平方根。

步骤 2 生成了标准的散点图，并添加了一条 45 度线。

更多细节

由于我们经常要计算 RMS 误差，下面的方法是很有用的。

使用一个计算 RMS 误差的便捷函数

当我们需要计算 RMS 误差时，以下函数是很方便的：

```
rdacb.rmse <- function(actual, predicted) {
  return (sqrt(mean((actual-predicted)^2)))
}
```

装备了这个函数后，我们可以这样计算 RMS 误差：

```
> rmse <- rdacb.rmse(dat$price, dat$pred)
```

4.3 建立用于回归的 KNN 模型

FNN 包提供了一些必要的函数来利用 KNN 技术做回归。在本方法中我们用 knn.reg 函数来建立模型并用它来做预测。我们也会展示一些使这一过程更加轻松的额外的、方便的技巧。

准备就绪

如果你还没有安装 FNN、dummies、caret 和 scales 包，那么现在去安装它们。如果你还没有下载本章的数据文件，现在去下载并确保将 education.csv 文件放置于你的 R 工作目录中。这个文件包含了美国几个学区的数据。表 4-1 描述了文件中的变量。

表 4-1

变量	含义
state	美国各州编号
region	各州所属的区域（1= 东北，…）
urban	1970 年城区每千人中市民数量
income	1973 年人均收入
under18	1974 年每千人中小于 18 岁的人口数量
expense	1975 年各州人均教育支出

我们将会建立一个用于预测 expense（费用）的 knn 模型，该模型基于除了 state（州）之外的所有预测变量。

要怎么做

为了建立用于回归的 KNN 模型，请遵循以下步骤：

1）载入 dummies、FNN、scales 和 caret 包，如下所示：

```
> library(dummies)
> library(FNN)
> library(scales)
```

2）读取数据：

```
> educ <- read.csv("education.csv")
```

3）为分类变量 region 创建哑变量，并将它们添加到 educ：

```
> dums <- dummy(educ$region, sep="_")
> educ <- cbind(educ, dums)
```

4）因为 KNN 会使用距离计算，我们应该将预测变量重缩放或者标准化。在这个例子中，我们有三个数值型预测变量和一个分类型预测变量，其中，分类型预测变量是以三个哑变量的形式存在的。将哑变量标准化的过程很令人费解，因此我们选择将数值型变量缩放至 [0,1] 区间，并且哑变量保持不变（因为它们已经在 [0,1] 区间中了）。

```
> educ$urban.s <- rescale(educ$urban)
> educ$income.s <- rescale(educ$income)
> educ$under18.s <- rescale(educ$under18)
```

5）创建三个分块（因为我们创建了随机分块，你的结果可能会不一样）：

```
> set.seed(1000)
> t.idx <- createDataPartition(educ$expense, p = 0.6,
list = FALSE)
> trg <- educ[t.idx,]
> rest <- educ[-t.idx,]
> set.seed(2000)
> v.idx <- createDataPartition(rest$expense, p=0.5,
list=FALSE)
> val <- rest[v.idx,]
> test <- rest[-v.idx,]
```

6）对几个 k 值建立模型。在下面的代码中，我们展示了如何计算 RMS 误差。你也可以使用更加方便的 rdacb.rmse 函数，我们已经在 4.2 节中展示了它：

```
> # for k=1
> res1 <- knn.reg(trg[, 7:12], val[,7:12], trg[,6], 1,
algorithm="brute")
> rmse1 = sqrt(mean((res1$pred-val[,6])^2))
> rmse1

[1] 59.66909

> # Alternately you could use the following to
> # compute the RMS error. See the recipe
> # "Compute the Root Mean Squared error" earlier
> # in this chapter
> rmse1 = rdacb.rmse(res1$pred, val[,6])

> # for k=2
> res2 <- knn.reg(trg[, 7:12], val[,7:12], trg[,6], 2,
algorithm="brute")
```

```
> rmse2 = sqrt(mean((res2$pred-val[,6])^2))
> rmse2

[1] 38.09002

># for k=3
> res3 <- knn.reg(trg[, 7:12], val[,7:12], trg[,6], 3,
algorithm="brute")
> rmse3 = sqrt(mean((res3$pred-val[,6])^2))
> rmse3

[1] 44.21224

> # for k=4
> res4 <- knn.reg(trg[, 7:12], val[,7:12], trg[,6], 4,
algorithm="brute")
> rmse4 = sqrt(mean((res4$pred-val[,6])^2))
> rmse4


[1] 51.66557
```

7）在 k=2 时，我们得到了最小的 RMS 误差。用如下方法在测试分块上评估模型：

```
> res.test <- knn.reg(trg[, 7:12], test[,7:12], trg[,6], 2,
algorithm="brute")
> rmse.test = sqrt(mean((res.test$pred-test[,6])^2))
rmse.test


[1] 35.05442
```

我们在测试分块上得到的 RMS 误差远比在验证分块上得到的 RMS 误差要小。当然，由于我们的数据集很小，这个结果的可信度并不很高。

工作原理

步骤 1 载入了必需的包，步骤 2 读取了数据。

由于 KNN 要求所有预测变量是数值型的，步骤 3 用 dummies 包中的 dummy 函数来为分类变量 region 生成哑变量，然后将这些哑变量添加到 educ 数据框中。

步骤 4 用 scales 包中的 rescale 函数将数值型预测变量缩放至 [0,1] 区间。另一个选择是将数值型预测变量标准化，但是对于哑变量来说，标准化的过程很令人费解。一些分析师将数值型预测变量标准化而将哑变量保持不变。然而，为了一致性，我们选择了将所有预测变量缩放至 [0,1] 区间。由于哑变量已经在这个区间中，我们只需要缩放其他变量。

步骤 5 创建了 KNN 所需的三个分块。我们设定了随机数种子以使结果与我们所展示的结果一致。更多细节请查看第 2 章。因为我们的数据只包含 50 个样本，我们只能选择将其近似地分割成 60%、20% 和 20%。除了创建三个分块，我们也可以用两个分块并应用留一交叉验证法。我们会在后面详细讨论它。

步骤6对k=1～k=4的情况建立了模型。我们只使用了四个哑变量中的三个，它使用了 knn.reg 函数并将下列变量传递为参数：

❑ 用于训练的预测变量。

❑ 用于验证的预测变量。

❑ 训练分块中的输出变量。

❑ k 的值。

❑ 计算距离时所用的算法。我们指定了 brute 来使用 brute-force 方法。

> 提示　当数据集很大时，其他的选择如 kd_tree 或 cover_tree 可能会运行得更快。

步骤6中包含了高度重复的代码。因此下面会给出一个简便的函数，用一条命令得出所有的结果。

生成的模型中包含了几个组件。为了计算 RMS 误差，我们使用了 pred 组件，它包含了预测值。

步骤7对测试分块重复了这个过程。

更多细节

现在我们讨论运行 KNN 的几个变体。

1. 在 KNN 中用交叉验证法替换验证分块

我们在前述代码中使用了三个分块。一种不同的处理方法是使用两个分块。在这种情况下，knn.reg 会使用留一交叉验证法对训练分块中的每一个样本做预测。为了使用这种模式，我们只需要将训练分块传递为参数并将其他分块留作 NULL 值。在前述方法的第 1～4 步之后，运行如下命令：

```
> t.idx <- createDataPartition(educ$expense, p = 0.7,
list = FALSE)
> trg <- educ[t.idx,]
> val <- educ[-t.idx,]
> res1 <- knn.reg(trg[,7:12], test = NULL, y = trg[,6],
k=2, algorithm="brute")
> # When run in this mode, the result object contains
> # the residuals which we can use to compute rmse
> rmse <- sqrt(mean(res1$residuals^2))
> # and so on for other values of k
```

2. 用一个简便的函数来运行 KNN

我们通常运行 KNN 并计算 RMS 误差。下面这个简便的函数对我们很有帮助：

```
rdacb.knn.reg <- function (trg_predictors, val_predictors,
trg_target, val_target, k) {
  library(FNN)
  res <- knn.reg(trg_predictors, val_predictors, trg_target,
    k, algorithm = "brute")
  errors <- res$pred - val_target
  rmse <- sqrt(sum(errors * errors)/nrow(val_predictors))
  cat(paste("RMSE for k=", toString(k), ":", sep = ""), rmse,
    "\n")
  rmse
}
```

有了上面这个函数，我们就可以在读入数据、创建哑变量、重缩放预测变量和数据分块——即主方法中的第 1 ~ 4 步之后执行下列命令：

```
> set.seed(1000)
> t.idx <- createDataPartition(educ$expense, p = 0.6, list = FALSE)
> trg <- educ[t.idx,]
> rest <- educ[-t.idx,]
>set.seed(2000)
> v.idx <- createDataPartition(rest$expense, p=0.5, list=FALSE)
> val <- rest[v.idx,]
> test <- rest[-v.idx,]
> rdacb.knn.reg(trg[,7:12], val[,7:12], trg[,6], val[,6], 1)

RMSE for k=1: 59.66909
[1] 59.66909
> rdacb.knn.reg(trg[,7:12], val[,7:12], trg[,6], val[,6], 2)

RMSE for k=2: 38.09002
[1] 38.09002

> # and so on
```

3. 用一个简便的函数来运行多个 k 值下的 KNN 模型

在多个 k 值下运行 KNN 来选择最好的一个 k 值，这一过程包含了反复执行高度相似的代码。我们可以通过一个函数自动完成这些工作。这个简便的函数对多个 k 值运行 knn，报告每一个模型的 RMS 误差，并绘制 RMS 误差的碎石图：

```
rdacb.knn.reg.multi <- function (trg_predictors, val_predictors, trg_
target, val_target, start_k, end_k)
{
  rms_errors <- vector()
  for (k in start_k:end_k) {
    rms_error <- rdacb.knn.reg(trg_predictors, val_predictors,
                               trg_target, val_target, k)
    rms_errors <- c(rms_errors, rms_error)
```

```
  }
  plot(rms_errors, type = "o", xlab = "k", ylab = "RMSE")
}
```

用上面这个函数，我们就可以在读入数据、创建哑变量、重缩放预测变量和数据分块——即主方法中的第 1 ~ 4 步之后执行下列命令。这段代码对 k(k=1, 2, 3, 4, 5) 运行 knn.reg：

```
> rdacb.knn.reg.multi(trg[,7:12], val[,7:12], trg[,6], val[,6], 1, 5)

RMSE for k=1: 59.66909
RMSE for k=2: 38.09002
RMSE for k=3: 44.21224
RMSE for k=4: 51.66557
RMSE for k=5: 50.33476
```

上述代码同时绘制了 RMS 误差的碎石图，如图 4-2 所示。

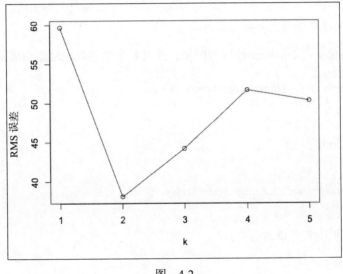

图　4-2

参考内容
❑ 2.5 节
❑ 4.2 节
❑ 3.8 节

4.4 运用线性回归

在本节，我们将讨论线性回归，一种最广为使用的技术。stats 包具有线性回归的功能并且 R 会在启动时自动载入它。

准备就绪

如果你还没有下载本章的数据文件，现在去下载并确保将 auto-mpg.csv 存放在你的 R 工作目录中。安装 caret 包（如果你还未安装）。我们想要基于 cylinders、displacement、horsepower、weight，以及 acceleration 这几个变量来预测 mpg 变量。

要怎么做

要运用线性回归，请遵循以下步骤：

1）载入 caret 包：

```
> library(caret)
```

2）读取数据：

```
> auto <- read.csv("auto-mpg.csv")
```

3）将分类变量 cylinders 转换为因子，并对各个水平合理地重命名：

```
> auto$cylinders <- factor(auto$cylinders,
levels = c(3,4,5,6,8), labels = c("3cyl", "4cyl", "5cyl",
"6cyl", "8cyl"))
```

4）创建数据分块：

```
> set.seed(1000)
> t.idx <- createDataPartition(auto$mpg, p = 0.7,
list = FALSE)
```

5）查看数据框中各变量的名称：

```
> names(auto)

[1] "No"           "mpg"
[3] "cylinders"    "displacement"
[5] "horsepower"   "weight"
[7] "acceleration" "model_year"
[9] "car_name"
```

6）建立线性回归模型：

```
> mod <- lm(mpg ~ ., data = auto[t.idx, -c(1,8,9)])
```

7）查看基本结果（你的结果会因为分块时随机抽样的不同而不同）：

```
> mod

Call:
lm(formula = mpg ~ ., data = auto[t.idx, -c(1, 8, 9)])

Coefficients:

  (Intercept)   cylinders4cyl   cylinders5cyl   cylinders6cyl
    39.450422        6.466511        4.769794        1.967411
cylinders8cyl    displacement      horsepower          weight
     6.291938        0.004790       -0.081642       -0.004666
 acceleration
     0.003576
```

8）查看更加详细的结果（你的结果会因为创建分块时随机抽样的不同而不同）：

```
> summary(mod)

Call:
lm(formula = mpg ~ ., data = auto[t.idx, -c(1, 8, 9)])

Residuals:
    Min      1Q  Median      3Q     Max
-9.8488 -2.4015 -0.5022  1.8422 15.3597

Coefficients:
               Estimate Std. Error t value Pr(>|t|)
(Intercept)  39.4504219  3.3806186  11.670  < 2e-16 ***
cylinders4cyl  6.4665111  2.1248876   3.043  0.00257 **
cylinders5cyl  4.7697941  3.5603033   1.340  0.18146
cylinders6cyl  1.9674114  2.4786061   0.794  0.42803
cylinders8cyl  6.2919383  2.9612774   2.125  0.03451 *
displacement   0.0047899  0.0109108   0.439  0.66100
horsepower    -0.0816418  0.0200237  -4.077 5.99e-05 ***
weight        -0.0046663  0.0009857  -4.734 3.55e-06 ***
acceleration   0.0035761  0.1426022   0.025  0.98001
---
Signif. codes:  0 '***' 0.001 '**' 0.01 '*' 0.05 '.' 0.1 ' ' 1

Residual standard error: 3.952 on 271 degrees of freedom
Multiple R-squared:  0.756,     Adjusted R-squared:  0.7488
F-statistic:   105 on 8 and 271 DF,  p-value: < 2.2e-16
```

9）为了测试数据，建立数据分块：

```
> pred <- predict(mod, auto[-t.idx, -c(1,8,9)])
```

10）计算模型在测试数据上的 RMS 误差：

```
> sqrt(mean((pred - auto[-t.idx, 2])^2))
[1] 4.333631
```

11）查看模型的回归诊断图：

```
> par(mfrow = c(2,2))
> plot(mod)
> par(mfrow = c(1,1))
```

图 4-3 所示的回归诊断图为输出结果。

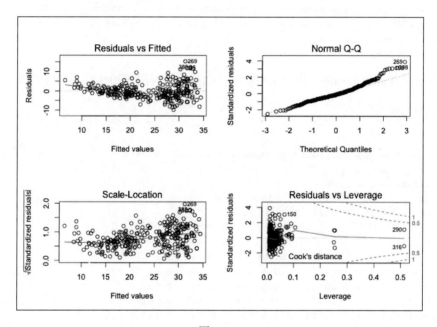

图　4-3

工作原理

步骤 1 载入了 caret 包，步骤 2 读取了数据，步骤 3 将分类变量 cylinders 转换为因子（cylinders 的取值为数值型，对于这种取值 R 默认其来自数值型变量）。

步骤 4 创建了数据分块。更多细节请参考 2.5 节。我们设定了随机数种子使你的结果跟我们展示的一致。

步骤 5 打印出了变量名。这样，我们就可以在线性回归模型中使用恰当的名字。

步骤 6 使用了 lm 函数，它可以建立线性回归模型，我们指定了 data = auto[t.idx, -c(1,8,9)]。因为我们需要这个模型只包含训练数据并且不希望使用 No、model_year 和 car_name 变量，它们分别对应第 1、8、9 个变量。我们也可以包含所有的数据，但这意味着我们必须在公式中显式指定预测变量。这里我们选择了相对较短的写法。

尽管我们的预测变量中有一个 cylinders 因子（分类变量），我们并没有为其创建哑变量，因为 lm 函数会自动处理它，同时从输出中的回归系数中也可以清楚地看到这一点。

步骤 7 展示了我们如何简单地输出模型变量的系数值。

步骤 8 使用了 summary 函数来得到更多关于模型的信息，如图 4-4 所示。

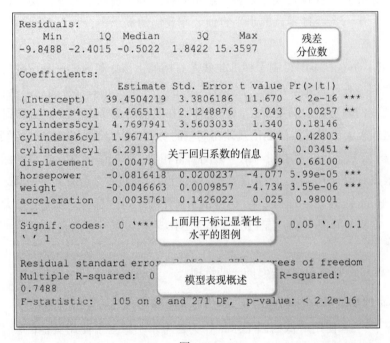

图 4-4

在详细的输出中，Residual 部分以分位数的形式展示了模型在训练数据上的残差的分布情况。Coeffcients 部分给出了系数的详细信息。第一列，Estimate，给出了回归系数的估计值。第二列，Std.Error 给出了估计值的标准差。第三列通过让系数除以标准差将标准差转换为 t 值。

Pr(>|t|) 这一列将这个 t 值转换成对应系数为 0 的概率。最后一列后面的记号用点、空格或一些星号显示了系数的显著性水平。表格下方的注释解释了这种记法的含义。通常当一个系数具有 95% 的显著性（即概率水平小于 0.05）时，这个系数是显著的，并用 * 标记。

下一部分给出了回归的整体表现信息。Residual standard error 正是用自由度修正的 RMS，这是用于度量预测值与真实值之间平均差异的一个绝佳的指标。Adjusted R-square 值告诉我们回归模型可以在多大的百分比上解释输出变量的变异。最后一行显示了 F-statistic 和对应的回归 P 值。

步骤 9 用 predict 函数在测试数据上生成了预测值。

步骤 10 计算了 RMS 误差。

步骤 11 生成了回归诊断图。由于标准的 plot 函数作用于 lm 上时会创建 4 幅图像，我们在绘图前设定了 4 幅图对应的矩阵，并在绘图结束之后将其重置：

- ❏ Residuals vs Fitted：就像名字暗示的那样，这幅图汇出了残差对模型拟合值的图像来让我们检查其残差是否显示出某种趋势。理想情况下，我们希望它们没有趋势，近乎一条经过零点的水平直线。在我们的例子中，我们看到一个非常微弱的趋势。

- ❏ Normal Q-Q：本图绘制了标准化残差对标准正态分布的理论分位数的图像。这有助于我们检查残差究竟在多大程度上满足正态分布。如果所有的点都落在 45 度线附近，则我们知道它们满足了正态性条件。在我们的例子中，我们注意到在残差的右侧极值或较大值附近，标准化残差比期望的要大，因此没有满足正态性要求。

- ❏ Scale Location：本图与第一幅图非常相似。不同之处在于这里用标准化残差的平方根来对拟合值画图。这幅图像同样被用来检测残差是否有某种趋势。

- ❏ Residuals vs Leverage：你可以用这幅图来定位对模型误差有重大影响的异常样本。在我们的例子中，第 150、290 和 316 号样本可以考虑删除掉。

更多细节

我们接下来讨论使用 lm 函数时的一些选项。

1. 强制 lm 使用给定的因子水平作为参考

默认情况下，lm 使用最低的因子水平作为参考水平。为了使用其他的水平作为参考，我们可以用 relevel 函数。我们的原始模型使用 3cyl 作为参考水平，用以下命令强制让 lm 使用 4cyl 作为参考：

```
> auto <- within(auto, cylinders <- relevel(cylinders,
ref = "4cyl") )
> mod <- lm(mpg ~., data = auto[t.idx, -c(1, 8, 9)])
```

得到的模型将不包含 4cyl 的系数。

2. 在线性模型中使用其他的公式表达式选项

我们的例子只展示了 lm 中最为常用的公式形式，表 4-2 展示了如何创建带有交互效应的模型或者对预测变量应用任意函数的模型。

表 4-2

公式表达式	对应的回归模型	解释
$Y \sim P$	$\hat{Y} \sim \beta_0 + \beta_1 P$	带有 Y 截距的直线
$Y \sim P + Q$	$\hat{Y} \sim \beta_0 + \beta_1 P + \beta_2 Q$	包含 P 和 Q 且无交互项的线性模型
$Y \sim -1 + P$	$\hat{Y} \sim \beta_1 P$	无截距项的线性模型
$Y \sim P : Q$	$\hat{Y} \sim \beta_0 + \beta_1 PQ$	仅包含 P 与 Q 的一阶交互项模型
$Y \sim P * Q$ 或者 $Y \sim P + Q + P : Q$	$\hat{Y} \sim \beta_0 + \beta_1 P + \beta_2 Q + \beta_3 PQ$	包含所有交互项的完整的一阶模型
$Y \sim P + I(\log(Q))$	$\hat{Y} \sim \beta_0 + \beta_1 P + \beta_2 \log(Q)$	对预测变量应用任意函数的模型。I 或者恒等函数被用于此目的
$Y \sim (P + Q + R)\,\hat{}\,2$ 或者 $Y \sim P * Q * R - P : Q : R$	$\hat{Y} \sim \beta_0 + \beta_1 P + \beta_2 Q + \beta_3 R + \beta_4 PQ + \beta_5 QR + \beta_6 PR$	完整的一阶模型。并且包含 n 阶交互项（这里是指数）

参考内容

❑ 2.5 节

❑ 4.5 节

4.5 在线性回归中运用变量选择

MASS 包中具有变量选择的功能。这里展示了使用它的方法。

准备就绪

如果你还没有下载本章的数据文件，现在去下载并确保将 auto-mpg.csv 文件放置于你的 R 工作目录中。我们想要基于 cylinders、displacement、horsepower、weight 和 acceleration 来预测 mpg。

要怎么做

要在线性回归中应用变量选择，请遵循如下步骤：

1）载入 caret 和 MASS 包：

```
> library(caret)
> library(MASS)
```

2）读取数据：

```
> auto <- read.csv("auto-mpg.csv")
```

3）将分类变量 cylinders 转换成因子，并合理地重新命名它的各个水平：

```
> auto$cylinders <- factor(auto$cylinders,
levels = c(3,4,5,6,8), labels = c("3cyl", "4cyl", "5cyl", "6cyl",
"8cyl"))
```

4）创建数据分块：

```
> set.seed(1000)
> t.idx <- createDataPartition(auto$mpg, p = 0.7, list = FALSE)
```

5）查看数据框中的变量的名字：

```
> names(auto)
[1] "No"           "mpg"
[3] "cylinders"    "displacement"
[5] "horsepower"   "weight"
[7] "acceleration" "model_year"
[9] "car_name"
```

6）建立线性回归模型：

```
> fit <- lm(mpg ~ ., data = auto[t.idx, -c(1,8,9)])
```

7）运行变量选择程序。这会产生很多输出结果，之后我们将展示并讨论它们。由于随机分块的原因，你的真实数字可能会不一样：

```
> step.model <- stepAIC(fit, direction = "backward")
```

8）查看最终的模型（由于训练样本可能会不一样，你的结果可能会跟这里的不同）：

```
> summary(step.model)
Call:
lm(formula = mpg ~ cylinders + horsepower + weight, data = auto[t.
idx,
    -c(1, 8, 9)])

Residuals:
    Min     1Q Median     3Q    Max
-9.7987 -2.3676 -0.6214  1.8625 15.3231

Coefficients:
              Estimate Std. Error t value Pr(>|t|)
(Intercept)  39.1290155  2.5434458  15.384  < 2e-16 ***
cylinders4cyl  6.7241124  2.0140804   3.339 0.000959 ***
cylinders5cyl  5.0579997  3.4762178   1.455 0.146810
cylinders6cyl  2.5090718  2.1315214   1.177 0.240170
cylinders8cyl  7.0991790  2.3133286   3.069 0.002365 **
horsepower   -0.0792425  0.0148396  -5.340 1.96e-07 ***
weight       -0.0044670  0.0007512  -5.947 8.34e-09 ***
---
Signif. codes:  0 '***' 0.001 '**' 0.01 '*' 0.05 '.' 0.1 ' ' 1

Residual standard error: 3.939 on 273 degrees of freedom
Multiple R-squared:  0.7558,    Adjusted R-squared:  0.7505
F-statistic: 140.9 on 6 and 273 DF,  p-value: < 2.2e-16
```

工作原理

对步骤 1 ~ 步骤 6 的描述请参考 4.4 节的工作原理部分。

步骤 7 运行了变量选择程序。我们选用了后向消去法，这时系统会首先建立一个包含所有预测变量的模型，并基于 AIC 分值来消去一些变量。下面展示了样本的输出：

```
Start:  AIC=778.38
mpg ~ cylinders + displacement + horsepower + weight + acceleration

                Df Sum of Sq    RSS    AIC
- acceleration  1      0.01  4232.1 776.38
- displacement  1      3.01  4235.1 776.58
<none>                       4232.1 778.38
- horsepower    1    259.61  4491.7 793.05
- weight        1    349.99  4582.1 798.63
- cylinders     4    859.84  5091.9 822.17

Step:  AIC=776.38
mpg ~ cylinders + displacement + horsepower + weight

                Df Sum of Sq    RSS    AIC
- displacement  1      3.02  4235.1 774.58
<none>                       4232.1 776.38
- horsepower    1    404.33  4636.4 799.93
- weight        1    451.22  4683.3 802.75
- cylinders     4    862.88  5094.9 820.34

Step:  AIC=774.58
mpg ~ cylinders + horsepower + weight

                Df Sum of Sq    RSS    AIC
<none>                       4235.1 774.58
- horsepower    1    442.36  4677.4 800.40
- weight        1    548.60  4783.7 806.69
- cylinders     4    862.50  5097.6 818.49
```

从上述的输出中，你可以看到系统首先建立了完整的模型，在该模型中，accelation 有最低的 AIC 分值（776.38），于是这个变量不再包含于接下来的模型中。在这个过程中，系统也消去了 displacement。

完整的模型有 5 个预测变量，而最终的模型有 3 个。在这个过程中，R^2 几乎不变，但我们得到了一个不那么复杂的模型。

提示 在前向选择模型中，系统使用了相反的处理手段来添加预测变量。

参考内容
❑ 2.5 节
❑ 4.4 节

4.6　建立回归树

本方法涵盖了用树模型做回归。rpart 包提供了建立回归树的必要函数。

准备就绪

如果你还没有安装 rpart、caret 和 rpart.plot，那么现在去安装它们。如果你还没有下载本章的数据文件，现在去下载并确保将 BostonHousing.csv 和 education.csv 文件放置于你的 R 工作目录中。

要怎么做

要建立回归树，请遵循以下步骤：

1）载入 rpart、rpart.plot 和 caret 包：

```
> library(rpart)
> library(rpart.plot)
> library(caret)
```

2）读取数据：

```
> bh <- read.csv("BostonHousing.csv")
```

3）为数据分块：

```
> set.seed(1000)
> t.idx <- createDataPartition(bh$MEDV, p=0.7, list = FALSE)
```

4）建立并查看回归树模型：

```
> bfit <- rpart(MEDV ~ ., data = bh[t.idx,])
> bfit
 n= 356

node), split, n, deviance, yval
      * denotes terminal node

 1) root 356 32071.8400 22.61461
   2) LSTAT>=7.865 242   8547.6860 18.22603
     4) LSTAT>=14.915 114   2451.4590 14.50351
       8) CRIM>=5.76921 56    796.5136 11.63929 *
       9) CRIM< 5.76921 58    751.9641 17.26897 *
     5) LSTAT< 14.915 128   3109.5710 21.54141
      10) DIS>=1.80105 121   1419.7510 21.12562 *
      11) DIS< 1.80105 7   1307.3140 28.72857 *
```

```
3) LSTAT< 7.865 114   8969.3230 31.93070
 6) RM< 7.4525 93     3280.1050 28.70753
  12) RM< 6.659 46    1022.5320 25.24130 *
  13) RM>=6.659 47    1163.9800 32.10000
    26) LSTAT>=5.495 17   329.2494 28.59412 *
    27) LSTAT< 5.495 30   507.3747 34.08667 *
 7) RM>=7.4525 21     444.3295 46.20476 *
```

5）画出树图。使用 rpart.plot 包中的 prp 函数并选用如下参数选项来得到一个美观的图形。为了简便，图形中对 y 值进行了四舍五入。

```
> prp(bfit, type=2, nn=TRUE, fallen.leaves=TRUE, faclen=4,
varlen=8, shadow.col="gray")
```

得到的图像如图 4-5 所示。

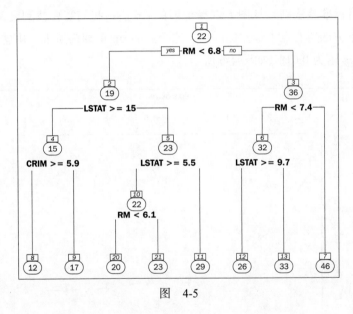

图 4-5

6）查看 cptable。由于在交叉验证过程中使用了随机数，cptable 看起来可能会不一样：

```
> bfit$cptable
```

	CP	nsplit	rel error	xerror	xstd
1	0.45381973	0	1.0000000	1.0068493	0.09724445
2	0.16353560	1	0.5461803	0.6403963	0.06737452
3	0.09312395	2	0.3826447	0.4402408	0.05838413
4	0.03409823	3	0.2895207	0.3566122	0.04889254
5	0.02815494	4	0.2554225	0.3314437	0.04828523
6	0.01192653	5	0.2272675	0.2891804	0.04306039
7	0.01020696	6	0.2153410	0.2810795	0.04286100
8	0.01000000	7	0.2051341	0.2791785	0.04281285

7）你可以选择交叉验证误差（xerror）最小的数或者根据1倍标准差法则（xstd）来选择在最小误差的1倍标准差之内具有更小节点的数。前一种做法需要选择有7个分叉的树（在最后一行），这棵树有8个节点。要应用第二种方法，首先计算出最小xerror+1倍标准差 =0.2791785 + 0.04281285 = 0.3219914，然后我们选择了有5个分叉的树（在第6行）。

8）要简化这一过程，你可以通过仅仅画出cptree并用图像来选择剪枝的截断值。这幅图显示了数的大小——比分叉个数大一个单位。表和图在另一个重要的方面有区别——复杂度或cp值。表格中显示了不同分叉个数对应的最小cp值。图中显示了一系列分叉数的几何平均数。对于表格而言，由于交叉验证中使用了随机数，你的图可能会不一样：

```
> plotcp(bfit)
```

要运用1倍标准差法则来从图上选择最好的cp值，我们需要找到交叉验证相对误差（y轴）在虚线下方的所有点中最左侧的点。这个点的cp值即为所求。用这个点的cp值我们得出所选的cp值为0.018（如图4-6所示）。

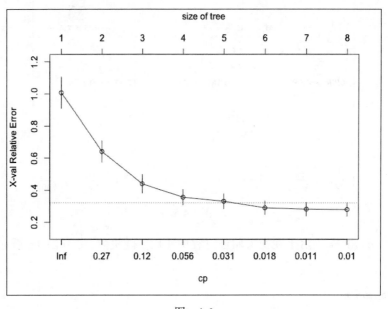

图　4-6

9）用选好的cp值剪枝并画图：

```
> # In the command below, replace the cp value
> # based on your results
> bfitpruned <- prune(bfit, cp= 0.01192653)
> prp(bfitpruned, type=2, nn=TRUE, fallen.leaves=TRUE, faclen=4,
varlen=8, shadow.col="gray")
```

得到如下的输出：

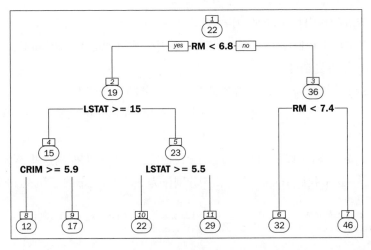

图 4-7

10）用选定的树来计算训练分块的 RMS 误差：

```
> preds.t <- predict(bfitpruned, bh[t.idx,])
> sqrt(mean((preds.t-bh[t.idx,"MEDV"])^2))
[1] 4.524866
```

11）在验证分块上做预测并得到 RMS 误差：

```
preds.v <- predict(bfitpruned, bh[-t.idx,])
> sqrt(mean((preds.v - bh[-t.idx,"MEDV"])^2))
[1] 4.535723
```

工作原理

步骤 1 和步骤 2 载入了所需的包并读取数据。

步骤 3 为数据分块。更多细节请参考 2.5 节。我们设定了随机数种子使你的结果与我们展示的一致。

步骤 4 中用 rpart 函数来建立树模型。它传递了公式 MEDV~. 来指定 MEDV 为输出变量，且所有其他变量为预测变量。它指定了 data=bh[t.idx,] 说明建立模型时仅用到训练分块中的行。然后它以文字形式输出了模型的细节。输出结果显示了根节点以及下属所有分叉点的信息。每一行都包括如下信息：

```
node), split, n, deviance, yval
```

❑ 节点编号。

❑ 用来生成节点的分叉信息（对于根节点只显示 "root"）。

❑ 每一个节点的样本数量。

❑ 每一个节点的输出变量误差的平方和。

❑ 每一个节点的输出变量的平均值。

我们有很多选项来控制 rpart 函数工作。其中一些重要的默认值如下：

❑ cp，0.01 作为复杂度因子。

❑ minsplit，最少需要 20 个样本才会进一步分割一个节点。

❑ minbucket，若进一步分割会产生小于 round(minsplit/3) 个样本的节点，则不进行分割。

你在运行 rpart 时可以传递一个 rpart.control 对象来控制这些参数。下面的代码给出了一个例子。这里我们用 0.01、10 和 5 分别作为 cp、minsplit 和 minbucket 的值：

```
> fit <- rpart(MEDV ~ ., data = bh[t.idx,], control = rpart.
control(minsplit = 10, cp = 0.001, minbucket = 5)
```

步骤 5 用 rpart.print 包中的 prp 函数画出了这个树模型。这个函数提供了一些参数选项，通过它们，我们可以控制图像的外观。接下来描述其中一些选项。其他选项请查看文档。

❑ type：涉及打印出的信息的量和位置。

❑ nn：是否显示节点数。

❑ fallen.leaves：是否在同一水平（最底部）显示所有的叶节点——这会生成一个只有水平与竖直线的容易分辨的图；否则，图像中会包含斜线。

❑ faclen：这代表了每个分割中的因子水平的字符长度——如果有必要会采用缩写。

❑ varlen：代表了图像中变量名的长度——如果有必要会进行截断。

❑ shadow.col：代表了每一个节点的阴影颜色。

步骤 6 打印了 cptable，它是拟合的树模型的一个组件。cptable 给出了各个树的深入的结果，其中包括了不同数量的节点，以及每一种大小的树所对应的交叉验证误差的均值和标准差。这个信息有助于我们选择最优的树。接下来解释表格中的每一列：

❑ cp：代表了复杂度因子。

❑ nsplit：代表了每一个 cp 所对应的最佳的树的分叉数量。

❑ rel.error：对于指定分叉数量的最佳的树，其总的分类误差平方（在建模所用的数据上）占根节点的误差平方的比例。这个根节点的误差是基于将所有输出变量的均值作为样本的预测值而得到的。

❑ xerror：代表了指定分叉数量下的最佳的树的交叉验证误差的均值。

❑ xstd：代表了指定分叉数量下的最佳的树的交叉验证误差的标准差。

步骤 7 解释了我们如何用 cptable 的信息来为树剪枝并避免过度拟合。我们可以选择具有最小交叉验证误差的树，或者选择交叉验证误差的 1 倍标准差之内的最小的树。我们可以选择一棵树，并用其对应的 cp 值来剪枝。

步骤 8 展示了一种简便的选择 cp 值的方法，其通过用 plotcp 函数画出 cptable 来选择最佳 cp 值。

步骤 9 用选定的 cp 值剪枝。

步骤 10 用 predict 函数来对训练分块做预测并计算 RMS 误差。

步骤 11 对验证分块做同样的操作。

更多细节

就像本节中解释的那样，回归树也可以用于建立针对分类变量的模型。

在包含分类预测变量的数据集上建立回归树

当数据集中有分类型预测变量时，rpart 函数仍然有效。你只需要确保这个变量被标记为因子。请看下面这个例子：

```
> ed <- read.csv("education.csv")
> ed$region <- factor(ed$region)
> set.seed(1000)
> t.idx <- createDataPartition(ed$expense, p = 0.7, list = FALSE)
> fit <- rpart(expense ~ region+urban+income+under18, data = ed[t.
idx,])
> prp(fit, type=2, nn=TRUE, fallen.leaves=TRUE, faclen=4, varlen=8,
shadow.col="gray")
```

得到如图 4-8 所示输出。

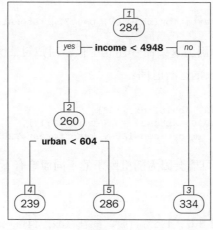

图 4-8

参考内容

❑ 2.5 节

❑ 3.4 节

4.7 建立用于回归的随机森林模型

本方法针对随机森林——最成功的机器学习技术之一。

准备就绪

如果你还没有安装 randomForest 和 caret 包，那么现在去安装它们。下载本章的数据文件并确保将 BostonHousing.csv 文件放置于你的 R 工作目录中。我们会建立一个随机森林模型来基于其他变量预测 MEDV。

要怎么做

要建立基于回归的随机森林模型，请遵循以下步骤：

1）载入 randomForest 和 caret 包：

```
> library(randomForest)
> library(caret)
```

2）读取数据：

```
> bn <- read.csv("BostonHousing.csv")
```

3）为数据分块：

```
> set.seed(1000)
> t.idx <- createDataPartition(bh$MEDV, p=0.7, list=FALSE)
```

4）建立随机森林模型。因为这条命令建立了很多回归树，所以即使在一个中等大小的数据集上，它也会占用相当长的运行时间：

```
> mod <- randomForest(x = bh[t.idx,1:13],
y=bh[t.idx,14],ntree=1000,  xtest = bh[-t.idx,1:13],
ytest = bh[-t.idx,14], importance=TRUE, keep.forest=TRUE)
```

5）检查结果（你的结果可能会因为随机因子的不同而略有不同）：

```
> mod
Call:
 randomForest(x = bh[t.idx, 1:13], y = bh[t.idx, 14], xtest =
bh[-t.idx,      1:13], ytest = bh[-t.idx, 14], ntree = 1000,
importance = TRUE,     keep.forest = TRUE)
              Type of random forest: regression
```

```
               Number of trees: 1000
No. of variables tried at each split: 4

       Mean of squared residuals: 12.61296
                 % Var explained: 86
                    Test set MSE: 6.94
                 % Var explained: 90.25
```

6）检查变量的重要性：

```
> mod$importance
          %IncMSE IncNodePurity
CRIM     9.5803434    2271.5448
ZN       0.3410126     142.1191
INDUS    6.6838954    1840.7041
CHAS     0.6363144     193.7132
NOX      9.3106894    1922.5483
RM      36.2790912    8540.4644
AGE      3.7186444     820.7750
DIS      7.4519827    2012.8193
RAD      1.7799796     287.6282
TAX      4.5373887    1049.3716
PTRATIO  6.8372845    2030.2044
B        1.2240072     530.1201
LSTAT   67.0867117    9532.3054
```

7）比较训练分块的预测值和真实值：

```
> plot(bh[t.idx,14], predict( mod, newdata=bh[t.idx,]), xlab =
"Actual", ylab = "Predicted")
```

执行前述命令的输出结果如图 4-9 所示。

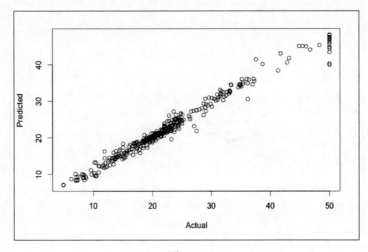

图 4-9

8）在训练分块上比较袋外（Out Of Bag，OOB）数据预测值和真实值：

```
> > plot(bh[t.idx,14], mod$predicted, xlab = "Actual", ylab =
"Predicted")
```

前述命令的输出如图 4-10 所示。

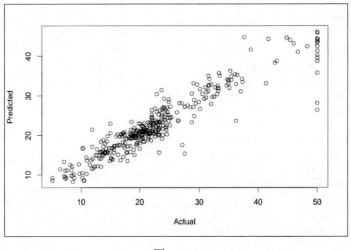

图　4-10

9）在训练分块上比较预测值和真实值：

```
> plot(bh[-t.idx,14], mod$test$predicted, xlab = "Actual", ylab =
"Predicted")
```

前述命令的结果如图 4-11 所示。

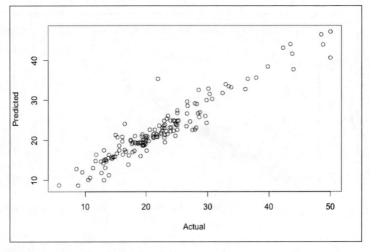

图　4-11

工作原理

步骤 1 和步骤 2 载入了必要的包并读取了数据。

步骤 3 为数据分块。更多细节请查看 2.5 节。我们设　　随机数种子来使你的结果与我们所展示的一致。技术上来说，我们并不真的需要为数据　　因为随机森林会建立很多树，并每次只使用数据的一个子集。因此，每一个样本，　　3 的树来说都是 OOB 的，并且能被用在验证中。然而，这种做法也为我们提供了　　　证数据集的做法，因此我们在此列出。

步骤 4 建立了随机森林模型。我们展示了命令并描述如下的参数

```
> mod <- randomForest(x = bh[t.idx,1:13],
y=bh[t.idx,14],ntree=1000,  xtest = bh[-t.idx,1:13],
ytest = bh[-t.idx,14], importance=TRUE, keep.forest=TRUE)
```

❑ x：预测变量。

❑ y：输出变量。

❑ ntree：要建立的树的个数。

❑ xtest：验证分块中的预测变量。

❑ ytest：验证分块中的输出变量。

❑ importance：代表了是否计算预测变量的重要性评分。

❑ keep.forest：代表了是否在最后结果中保留树，只有保留下来才能用此模型做预测。

步骤 5 打印出模型。这里显示了训练分块和验证分块上的均方根误差，同时也显示了模型可以解释的输出变量的变异的比例。

步骤 6 利用了模型的 importance 组件来打印出每一个变量的重要性水平。对每一棵生成的树，此方法首先生成预测值，然后对每一个变量（每次一个），它会将这些值随机排列作为 OOB 样本并做预测。变量的预测值的降序排列显示了变量的重要性排序。对每一个预测变量，重要性表格报告了其在所有树中的平均值，值越高越重要。

步骤 7 绘制了训练分块的预测值对真实值的图像。

步骤 8 用模型的 predicted 组件（mod$predicted）来绘制 OOB 预测值对真实值的图像。

步骤 9 在测试样本上用 mod$predicted 来绘制模型的预测性能表现。

更多细节

我们在此讨论一些重要的选项。

控制森林的生成

你可以用以下额外的选项来控制算法如何生成森林：

- ❑ mtry：预测变量将用于在每一个分叉上做随机抽样的个数；默认值是 m/3，这里 m 是预测变量的个数。
- ❑ nodesize：终端节点的最小尺寸；默认值是 5，设置更大的值会导致更小的树。
- ❑ maxnodes：一棵树所能拥有的终端节点的最大个数；如果未指明，则树会生长到 nodesize 所允许的最大可能值。

参考内容

- ❑ 2.5 节
- ❑ 3.5 节

4.8 用神经网络做回归

nnet 包带有建立神经网络模型的功能，可用于分类和预测。在本方法中，我们涵盖了用 nnet 建立一个神经网络模型的步骤。

准备就绪

如果你还没有安装 nnet、caret 和 devtools 包，那么现在去安装它们。如果你还没有下载本章的数据文件，现在去下载并确保将 BostonHousing.csv 文件放置于你的 R 工作目录中。我们会建立一个基于其他变量的神经网络模型来预测 MEDV。

要怎么做

要建立由于回归的神经网络模型，请遵循以下步骤：

1）载入 nnet 和 caret 包：

```
> library(nnet)
> library(caret)

> library(devtools)
```

2）读取数据：

```
> bh <- read.csv("BostonHousing.csv")
```

3）为数据分块：

```
> set.seed(1000)
> t.idx <- createDataPartition(bh$MEDV, p=0.7, list=FALSE)
```

4）找出响应变量的值域，使我们能够将它缩放至 [0,1]：

```
> summary(bh$MEDV)
   Min. 1st Qu.  Median    Mean 3rd Qu.    Max.
   5.00   17.02   21.20   22.53   25.00   50.00
```

5）建立模型：

```
> fit <- nnet(MEDV/50 ~ ., data=bh[t.idx,], size=6, decay = 0.1,
maxit = 1000, linout = TRUE)
```

6）为了画出网络图，从 fawda123 的 GitHub 主页上获取绘图函数 plot.nnet 的代码。以下代码会将这个函数载入 R：

```
> source_url('https://gist.githubusercontent.com/fawda123/7471137/
raw/466c1474d0a505ff044412703516c34f1a4684a5/nnet_plot_update.r')
```

7）绘制网络：

```
> plot(fit, max.sp = TRUE)
```

前述代码命令的结果如图 4-12 所示。

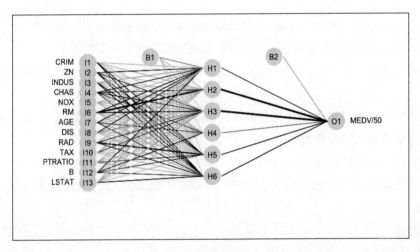

图　4-12

8）计算训练数据上的 RMS 误差（你的结果可能会不同）：

```
> t.rmse = sqrt(mean((fit$fitted.values * 50 - bh[t.idx,
"MEDV"])^2))
> t.rmse
[1] 2.797945
```

9）在验证分块上生成预测值并得到 RMS 误差（你的结果可能会不同）：

```
> v.rmse <- sqrt(mean((predict(fit,bh[-t.idx,]*50 - bh[-t.idx,
"MEDV"])^2)))
> v.rmse
[1] 0.42959
```

工作原理

步骤 1 载入了必需的包——nnet 用于神经网络建模，caret 用于数据分块。我们也载入了 devtools 包因为需要通过网页 url 来获取可绘制网络的代码。

步骤 2 读取了数据。

步骤 3 为数据分块。更多细节请参考 2.5 节。我们设置了随机数种子使你的结果与我们展示的一致。

步骤 4 通过 nnet 包中的 nnet 函数来建立神经网络模型：

```
> fit <- nnet(MEDV/50 ~ ., data=bh[t.idx,], size=6, decay = 0.1, maxit
= 1000, linout = TRUE)
```

我们将响应变量除以 50 使其缩小至 [0,1] 值域。我们传递了如下参数：

❑ size=6：指明了隐藏层中的节点个数。

❑ decay=0.1：指明了 decay。

❑ maxit=1000：如果在 maxit 这么多次迭代之后仍未收敛，则程序终止。

❑ linout=TRUE：指定我们需要的输出是线性的，而不是逻辑型的。

步骤 6 使用了 devtools 包中的 source_url 函数从外部 url 中获取打印函数的代码。

步骤 7 绘制了神经网络。线条的深浅代表了对应权重的强弱。我们用 max.sp=TRUE 来闲置图像中节点之间的最大可能间距。

步骤 8 使用了模型的 fitted 组件来计算训练分块上的 RMS 误差。

步骤 9 在验证分块上使用了 predict 函数来生成预测值，从而计算验证分块上的 RMS 误差。

参考内容

❑ 2.5 节

❑ 3.9 节

4.9 运用 K- 折交叉验证

当应用 R 中的某些技术手段时，比如分类树和回归树。这些技术自身就会运用交叉验证来帮助选择模型并避免过度拟合。然而，其他有些技术并不会自动完成这些工作。当对一个具体问题可以选择多种不同的机器学习方法时，我们可以采用标准的将数据划分为训练集和测试集的方法，然后基于它们的结果来做出选择。然而交叉验证可以更加彻底地评估一个模型在保留数据上的表现。用交叉验证来比较各种方法的表现能够更加真实地描绘出它们的相对性能。

准备就绪

我们基于波士顿房产数据来说明这种做法。下载本章的数据文件并确保将 BostonHousing.csv 文件保存在你的 R 工作目录中。

要怎么做

在本方法中，我们将向你展示一些基本代码，这些代码可以为线性回归实施交叉验证。尽管有些包，如 caret、DAAG 以及 boot 提供了开箱即用的交叉验证功能，但它们只涵盖了部分机器学习技术。你也许会发现一个普适的框架是非常有用的，并且可以将它应用到任何机器学习技术上去。要完成这项工作，请遵循以下步骤：

1）读取数据：

```
> bh <- read.csv("BostonHousing.csv")
```

2）创建如下的两个函数，我们这里显示了行号以便于讨论：

```
1  rdacb.kfold.crossval.reg <- function(df, nfolds) {
2    fold <- sample(1:nfolds, nrow(df), replace = TRUE)
3    mean.sqr.errs <- sapply(1:nfolds,
          rdacb.kfold.cval.reg.iter,
          df, fold)
4    list("mean_sqr_errs"= mean.sqr.errs,
          "overall_mean_sqr_err" = mean(mean.sqr.errs),
          "std_dev_mean_sqr_err" = sd(mean.sqr.errs))
5  }


6  rdacb.kfold.cval.reg.iter <- function(k, df, fold) {
7    trg.idx <- !fold %in% c(k)
8    test.idx <-  fold %in% c(k)
9    mod <- lm(MEDV ~ ., data = df[trg.idx, ] )
10   pred <- predict(mod, df[test.idx,])
11   sqr.errs <- (pred - df[test.idx, "MEDV"])^2
12   mean(sqr.errs)
13 }
```

3）有了前面这两个函数，你便可以使用 k=5 时的 K- 折交叉验证：

```
> res <- rdacb.kfold.crossval.reg(bh, 5)
> # get the mean squared errors from each fold
> res$mean_sqr_errs
> # get the overall mean squared errors
> res$overall_mean_sqr_err
> # get the standard deviation of the mean squared errors
> res$std_dev_mean_sqr_err
```

工作原理

步骤 1 读取了数据文件。

在步骤 2 中，我们定义了两个用来实现 k- 折交叉验证的函数。行 1 ~ 5 定义了第一个函数，行 6 ~ 13 定义了第二个函数。

第一个函数 rdacb.kfold.crossval.reg 设定了 K- 折并使用第二个函数来建模计算每一折中的误差。

第 2 行用 1 ~ k 的随机抽样创造了 k 个折。于是，若一个数据框中有 1000 个元素，则这一行会生成 1 ~ k 的 1000 个随机整数。

第 3 行使用第二个函数来计算每一个折的误差。

第 4 行建立了一个列表，其包含了每一个分块的均方根误差，所有折上的总均值，以及所有均方根误差的标准差。

第二个函数计算了一个特定分块上的误差。

第 7 ~ 8 行设定了训练数据和测试数据。折的数目通过参数 k 传入，第 7 行将所有非第 k 折的数据作为训练数据。第 8 行将所有属于第 k 折的数据作为训练数据。

第 9 行用训练数据建立了线性回归模型。

第 10 行在测试数据上生成了预测值。

第 11 行计算了平方根误差。

第 12 行返回了平方根误差的均值。

参考内容

❑ 4.10 节

4.10 运用留一交叉验证来限制过度拟合

我们提供一个在线性回归上实现留一交叉验证的代码框架。你应该能够方便地将它用于任何其他回归技术上。4.9 节中的基本原理和解释也适用于本节。

要怎么做

要使用留一交叉验证（LOOCV）来限制过度拟合，请遵循如下步骤：

1）读取数据：

```
> bh <- read.csv("BostonHousing.csv")
```

2）创建如下的两个函数，我们显示了行号以便于讨论：

```
1 rdacb.loocv.reg <- function(df) {
2   mean.sqr.errs <- sapply(1:nrow(df),
              rdacb.loocv.reg.iter, df)
3   list("mean sqr errs"= mean.sqr.errs,
```

```
                "overall_mean_sqr_err" = mean(mean.sqr.errs),
                "std_dev_mean_sqr_err" = sd(mean.sqr.errs))
4  }

5  rdacb.loocv.reg.iter <- function(k, df) {
6    mod <- lm(MEDV ~ ., data = df[-k, ] )
7    pred <- predict(mod, df[k,])
8    sqr.err <- (pred - df[k, "MEDV"])^2
9  }
```

3）有了前面两个函数，你便可以如下使用留一交叉验证（这会运行506次线性回归，因此会耗费一些时间）：

```
> res <- rdacb.loocv.reg(bh)
> # get the raw mean squared errors for each case
> res$mean_sqr_errs
> # get the overall mean squared error
> res$overall_mean_sqr_err
> # get the standard deviation of the mean squared errors
> res$std_dev_mean_sqr_err
```

工作原理

步骤 1 读取了数据。

步骤 2 创建了两个函数用来实现留一交叉验证。第 1 ~ 4 行定义了第一个函数 rdacb. loocv.reg，第 5 ~ 9 行定义了第二个函数 rdacb.loocv. reg.iter：

❑ 第一个函数 rdacb.loocv.reg 的第 2 行重复调用了第二个函数 rdacb.loocv. reg.iter 来建立一个留一交叉验证的回归模型并计算平方误差。

❑ 第 3 行创建了一个包含输出元素的列表。

❑ 第二个函数 rdacb.loocv.reg.iter 的第 6 行在保留一个样本的数据框上建立回归模型。

❑ 第 7 行对剩余样本做出预测。

❑ 第 8 行计算了平方误差。

步骤 3 用了前述函数来实现留一交叉验证并显示结果。

参考内容

❑ 4.9 节

Chapter 5

第 5 章

你能化简它吗——数据简化技术

5.1 引言

当面对大型数据集时，无论是样本量大，还是变量数多，或者两者兼具，分析师们经常寻求降低数据的复杂度。他们使用聚类分析将样本量缩减至一个有代表性且适合处理的数量，或者他们会使用主成分分析（PCA）来找出能够包含原始变量的绝大部分信息的一小组变量或维度。

5.2　用 K- 均值聚类法实现聚类分析

R 标准包 stats 提供了 K- 均值聚类的函数。我们也可以使用 cluster 包对聚类分析结果绘图。

准备就绪

如果你还没有下载本章的数据文件，现在去下载并确保将 auto-mpg.csv 文件放置于你的 R 工作目录中，同时确保你已经安装了 cluster 包。

要怎么做

要使用 K- 均值聚类实现聚类分析，请遵循如下步骤：

1）读取数据：

```
> auto <- read.csv("auto-mpg.csv")
```

2）定义一个简便的函数用来将相关变量标准化并将结果变量添加至原始数据中：

```
rdacb.scale.many <- function (dat, column_nos) {
  nms <- names(dat)
  for (col in column_nos) {
    name <- paste0(nms[col], "_z")
    dat[name] <- scale(dat[, col])
  }
  cat(paste("Scaled", length(column_nos), "variable(s)\n"))
  dat
}
```

3）用上述这个便捷函数对我们感兴趣的变量标准化。这里忽略了变量 No、model_year 和 car_name：

```
> auto <- rdacb.scale.many(auto, 2:7)
> # See the variables now in auto
> names(auto)
 [1] "No"              "mpg"
 [3] "cylinders"       "displacement"
 [5] "horsepower"      "weight"
 [7] "acceleration"    "model_year"
 [9] "car_name"        "mpg_z"
[11] "cylinders_z"     "displacement_z"
[13] "horsepower_z"    "weight_z"
[15] "acceleration_z"
```

4）对给定的 K 值实现 K- 均值聚类。后面会介绍如何设置一个较好的 K 值。因为随机数选取的 K 个初始点的不同，你的结果可能会不同：

```
> set.seed(1020)
> fit <- kmeans(auto[, 10:15], 5)
> # Examine the fit object - produces a lot of output
> # Your results could differ slightly
> fit
K-means clustering with 5 clusters of sizes 36, 96, 62, 117, 87

Cluster means:
        mpg_z cylinders_z displacement_z
1 -0.4141251   0.2388808      0.2772370
2 -1.1538840   1.4963079      1.4943315
3 -0.4317115   0.3679422      0.1875709
4  0.3259756  -0.8753429     -0.7189046
5  1.3138889  -0.8349721     -0.9305048

  horsepower_z  weight_z acceleration_z
1  -0.28320032 0.5386915     1.29988821
2   1.50450532 1.3943873    -1.06420891
3   0.03201748 0.1614095    -0.12178037
```

```
4   -0.43500729 -0.6304741   -0.06498252
5   -0.98076471 -1.0286895    0.81059100

Clustering vector:
  [1]  4 4 5 4 3 4 2 4 1 2 2 1 2 4 2 4 4 2 2 4 1 4
 [23]  4 4 4 2 5 2 3 5 4 2 4 5 4 2 1 5 4 5 3 2 3 2
 [45]  4 4 2 1 2 3 4 3 4 2 3 4 4 4 2 2 5 4 2 2 2 5
 [67]  3 2 1 2 5 1 3 5 3 2 1 4 2 2 5 5 5 4 3 2 5 2
 [89]  5 4 2 2 4 5 5 5 4 2 4 2 5 5 4 2 5 4 5 2 4 3
[111]  5 2 2 4 3 5 3 5 4 4 4 2 1 3 2 2 5 4 2 1 4 4
[133]  2 2 2 5 3 4 2 2 2 5 2 5 3 5 3 5 3 5 5 2 5 4
[155]  5 4 3 2 4 4 3 5 2 2 4 2 2 5 4 2 5 2 5 3 2 5
[177]  1 3 4 4 4 3 3 3 1 2 2 4 4 2 4 4 2 4 4 4 4 2
[199]  4 5 3 3 1 5 5 2 3 4 3 4 4 4 2 5 3 5 4 4 3 4
[221]  4 2 3 2 3 2 4 4 5 4 4 4 2 5 2 4 4 1 1 2 4 4
[243]  4 4 4 5 3 2 5 4 4 2 2 2 4 4 5 3 5 1 5 5 5 4
[265]  5 4 2 5 5 3 4 5 1 3 4 3 1 4 5 4 2 3 2 1 2 4
[287]  1 4 4 1 2 1 4 3 5 4 4 5 4 5 4 5 4 5 3 2 4 3
[309]  4 3 2 3 5 4 1 3 5 5 5 2 2 4 1 3 3 4 5 1 4 4
[331]  5 5 3 1 5 3 3 4 1 2 1 5 3 2 2 4 2 4 5 1 2 5
[353]  3 1 5 1 2 2 4 5 5 2 3 3 4 3 1 2 5 3 4 4 1 3
[375]  5 4 3 2 4 1 3 1 5 4 1 5 2 5 2 2 5 4 2 3 5 5
[397]  5 3

Within cluster sum of squares by cluster:
[1]   53.49325 134.03814  51.86729  96.53647
[5]  115.59778
 (between_SS / total_SS =  81.0 %)

Available components:

[1] "cluster"      "centers"      "totss"
[4] "withinss"     "tot.withinss" "betweenss"
[7] "size"         "iter"         "ifault"
```

5）我们在 6 个维度上实现理论聚类分析，因而无法对整个分析结果进行可视化。然而我们可以创造性地用两两绘图的形式来得到聚类结果的可视化并选取信息（如图 5-1 所示）：

```
> pairs(auto[,2:7], col=c(1:5)[fit$cluster])
```

6）cluster 包中的 clusplot 函数可以帮助我们基于前两个主成分来得出聚类的可视化。它通过以下命令来生成二元的聚类图（见图 5-2）。

```
> library(cluster)
> clusplot(auto[,10:15], fit$cluster, color = TRUE,
    shade = TRUE, labels=0, lines=0)
```

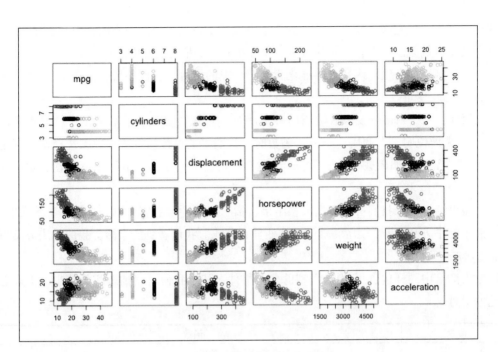

图 5-1

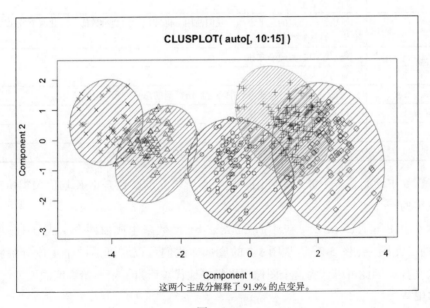

图 5-2

工作原理

步骤 1 载入了数据。

在步骤 2 中定义了一个便捷的函数可一次性将多个变量标准化。尽管 scale 函数可以完成这项工作，但它赋予标准化变量的名字跟原始变量的名字是一样的，因此会导致混淆。而这个便捷函数会创建更有意义的名字，它会在原始变量之后加上 _z。

第 3 步调用这个便捷函数来标准化我们感兴趣的变量，我们保留了 No、model_year 和 car_name 变量。

在第 4 步中，kmeans 函数被调用来实现 K 均值聚类算法，然后输出了结果对象。我们用 k=5 来做说明。在调用 kmeans 函数时，我们可通过传递算法参数来选择使用指定的 K- 均值聚类算法。如果这一参数留空，函数将默认使用 Hartigan Wong 算法，也可使用 Lloyd、Forgy 和 MacQueen 算法。

从输出结果中，我们可以看出模型结果包括了聚类的中心店，每一个样本所落入的簇，每个簇中的平方和，k 个簇所涵盖的总体变异百分比。我们看到 5 个聚类簇的解决方案可以涵盖 81% 的变异。

输出结果中同样包含了 拟合模型的各个组件，从中我们可以抽取相关信息。下表总结了这些信息。

命令	函数
fit$cluster	聚类向量，指出了每个样本属于哪一个簇
fit$centers	每个簇的中心点
fit$totss	所用到的向量的总平方和。我们使用了标准化后的变量数值，因此这个数代表了这些标准化值的总平方和
fit$withinss	每个簇中的簇内平方和
fit$tot.withinss	总的簇内平方和
fit$betweenss	将每一个样本替换成聚类中心之后所得到的总平方和
fit$size	每一个簇中的样本数量
fit$iter	迭代次数
fit$ifault	算法可能存在的问题——面向专家

在步骤 5 中绘制了一个散点矩阵图，这些点所填充的颜色是由 K 均值聚类所产生的聚类向量决定的。

步骤 6 中使用了 cluster 包中的 clusplot 函数来生成前两个主成分（参考后面的 5.4 节）的二元图（见图 5-2）。从图 5-2 的底部，我们可以看到前两个主成分解释了大约 92% 的总变异，因此可以认为这个图像可以很好地代表所有 6 个原始维度的聚类信息。

更多细节

一旦 K 已知，便可以实现 k- 均值聚类。我们现在提供一个可以简化选择合适 k 值的过程的方法。

用一个便捷的函数来选取 K 值

用我们已经知道的方法，你可以尝试各种 K 值，然后从中选择一个合适的，为了避免这个过程中的重复性工作，我们建议使用下面这个便捷函数：

```
rdacb.kmeans.plot <- function (data, num_clust = 15, seed = 9876) {
  set.seed(seed)
  ss <- numeric(num_clust)
  ss[1] <- (nrow(data) - 1) * sum(apply(data, 2, var))
  for (i in 2:num_clust) {
    ss[i] <- sum(kmeans(data, centers = i)$withinss)
  }
  plot(1:num_clust, ss, type = "b", pch = 18, xlab = "# Clusters",
    ylab = "Total within_ss across clusters")
}
```

这个方法会创建一幅图，这幅图会帮助你定位模型性能增速放缓的点（如图形中的肘点），因此有时被称为"肘"方法。

前面的函数生成并绘制了从 k=1 到 k=15 的所有值对应的聚类的总簇内平方和（withinss）。我们也可以通过参数 num_clust 为 K 值设定一个上限。装备了这个函数之后，我们可以像主方法中那样对感兴趣的变量做标准化，然后运行（结果如图 5-3 所示）：

```
> rdacb.kmeans.plot(auto[,10:15])
```

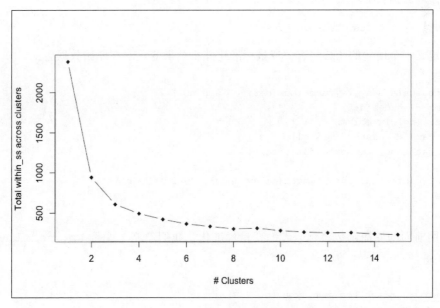

图　5-3

从图 5-3 来看，我们将 K 值定位在总的 withinss 下降减缓之处——即图像的肘位置。此时我们可以选择 K=4 或者 K=5。如果我们确实想要非常少的簇，K=3 也可以是一个良好的选择。我们始终可以通过增加聚类数量来得到一个非常低的 withinss 值。然而我们希望在 withinss 值和聚类数量之间达到一个平衡。

参考内容

❑ 5.3 节

5.3 用系统聚类法实现聚类分析

stats 包中的 hclust 函数有助于我们实现系统聚类。

准备就绪

如果你还没有下载本章的数据文件，现在去下载并确保将 auto-mpg.csv 文件放置于你的 R 工作目录中。

我们会基于 mpg、cylinders、displacement、horsepower、weight 和 acceleration 变量对数据实施系统聚类。

要怎么做

要用系统聚类法实现聚类分析，请遵循以下步骤：

1）读取数据：

```
> auto <- read.csv("auto-mpg.csv")
```

2）定义一个便捷的函数将有关变量标准化并将结果变量附在原始数据后：

```
rdacb.scale.many <- function (dat, column_nos) {
  nms <- names(dat)
  for (col in column_nos) {
    name <- paste0(nms[col], "_z")
    dat[name] <- scale(dat[, col])
  }
  cat(paste("Scaled", length(column_nos), "variable(s)\n"))
  dat
}
```

3）用前面的便捷函数将感兴趣的变量标准化，我们忽略了变量 No、model_year 和 car_name：

```
> auto <- rdacb.scale.many(auto, 2:7)
> # See the variables now in auto
> names(auto)
 [1] "No"              "mpg"
```

```
 [3]  "cylinders"        "displacement"
 [5]  "horsepower"       "weight"
 [7]  "acceleration"     "model_year"
 [9]  "car_name"         "mpg_z"
[11]  "cylinders_z"      "displacement_z"
[13]  "horsepower_z"     "weight_z"
[15]  "acceleration_z"
```

4）计算距离矩阵并作为下一步中 hclust 函数的输入。我们在此使用欧氏距离：

```
> dis <- dist(auto[,10:15], method = "euclidean")
```

5）用 hclust 函数实现系统聚类：

```
> fit <- hclust(dis, method = "ward")
```

6）绘制代表聚类结果的系统树图。图像在其底部看起来非常密集（如图 5-4 所示），因为函数绘制出了数据中的每一个样本：

```
> plot(fit, labels = FALSE, hang = 0)
```

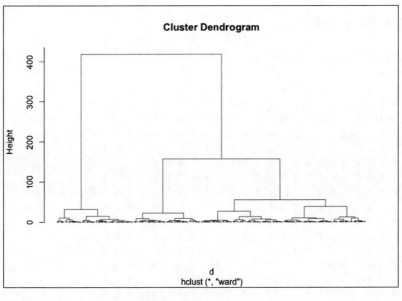

图　5-4

7）选择一个 K 值并在 K 个簇的每一个簇上放置一个矩形，如图 5-5 所示。我们在以下代码中使用了 K=4：

```
> rect.hclust(fit, k=4, border="blue")
```

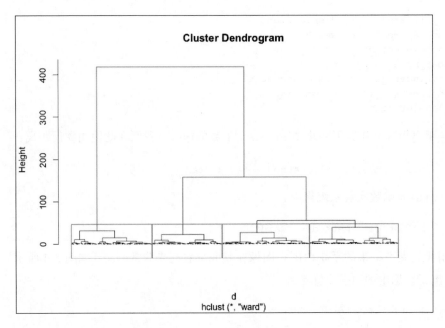

图　5-5

8）得到每种样本所属的簇：

```
> cluster <- cutree(fit, k=4)
> cluster
  [1] 1 1 2 1 3 1 4 2 3 4 4 1 4 1 4 1 2 4 4 1 3 1 1 1 1
 [26] 4 2 4 3 2 1 4 1 2 1 4 3 2 2 2 3 4 3 4 2 1 4 3 4 3
 [51] 1 3 1 4 4 2 2 1 4 4 2 1 4 4 4 2 4 4 3 4 2 3 3 1 3
 [76] 4 3 1 4 4 2 2 2 1 3 4 2 4 2 1 4 4 2 2 2 1 2 4 1 4
[101] 2 1 1 4 2 1 2 4 1 3 2 4 4 1 3 2 3 2 1 1 1 4 3 3 4
[126] 4 1 2 4 1 1 2 4 4 1 3 1 4 4 4 2 4 2 4 2 3 2 3 2
[151] 2 4 2 1 2 1 3 4 1 1 3 1 4 4 2 4 4 2 1 4 1 4 2 3 4
[176] 2 3 3 2 1 1 3 3 3 1 4 4 1 1 4 1 1 4 1 1 1 1 4 1 2
[201] 3 3 3 1 2 4 3 1 3 2 1 1 4 2 3 2 1 2 3 1 1 4 3 4 3
[226] 4 2 1 2 2 1 1 4 2 4 1 2 3 3 4 1 1 1 2 1 2 3 4 2 1
[251] 1 4 4 4 1 2 2 3 2 1 2 1 2 2 2 2 4 2 2 3 2 2 3 3 1
[276] 3 3 2 1 1 4 3 4 3 4 1 3 1 1 1 4 3 1 3 2 2 1 2 1 1
[301] 2 2 2 2 3 4 1 3 1 3 4 3 1 2 1 2 2 2 4 4 1 1 3 3
[326] 2 2 3 2 1 2 2 3 3 2 3 3 2 1 4 3 2 3 4 4 1 4 2 2 3
[351] 4 2 3 3 2 3 4 4 1 2 2 4 3 3 1 3 1 4 2 3 1 2 3 3 2
[376] 2 3 4 1 3 3 3 2 1 3 2 4 2 4 4 2 1 4 3 2 2 2 3
```

工作原理

步骤 1 读取数据。步骤 2 中定义了一个便捷的函数来对数据框中的一组变量做缩放。

在步骤 3 中，这个边界函数被用在我们感兴趣的变量上。我们保留了 No、model_ year 和 car_name。

步骤4中，基于相关变量的标准化值来创建距离矩阵。我们计算了欧式距离，其他可选择的距离有 maximum、manhattan、canberra、binary 和 minkowski。

在步骤5中，距离矩阵被传递给 hclust 函数用于创建聚类模型。我们指定了 method = "ward" 来使用 Ward 方法，这个方法会尽量得到紧致的球形簇。hclust 函数也支持 single、complete、average、mcquitty、median 和 centroid 方法。

步骤6中绘制了系统树图。我们指定了 labels=FALSE 因为有太多的样本以至于打印出它们只会增加混乱。在一个较少的数据集上使用 labels=TRUE 是有意义的。参数 hang 控制了系统树图底部到样本标签之间的距离。由于我们并不需要标签，可以指定 hang=0 来避免系统树图底部出现很多竖线。

系统树图在其底部展示了所有的样本（在我们的图中多到无法区别），并展示了簇的每一步聚合。系统树图由一种特定方式组织而成。当我们想要，比如 K 个簇，通过画一条水平线可穿过系统树图中 K 条竖直线。

步骤7展示了如何用 rect.hclust 函数来将样本划分为选定数量的 K 个簇。

步骤8展示了给定 K 后，我们可以用 cutree 函数来定位数据中的每个样本属于哪个簇。

参考内容

❏ 5.4 节

5.4　用主成分分析降低维度

stats 包中提供了 prcomp 函数来实现主成分分析（PCA）。本方法向你展示如何用它们实现 PCA

准备就绪

如果你还没有下载本章的数据文件，现在去下载并确保将 BostonHousing.csv 文件放置于你的 R 工作目录中。我们想基于剩余的 13 个变量来预测 MEDV。我们将会使用 PCA 来降维。

要怎么做

要用 PCA 降维，请遵循以下步骤：

1）读取数据：

```
> bh <- read.csv("BostonHousing.csv")
```

2）通过观察相关矩阵来检验是否有一些变量之间是高度相关的，是否有通过 PCA 进行降维的可能。由于我们的兴趣在于降低预测变量的维度，这里保留了输出变量 MEDV：

```
> round(cor(bh[,-14]),2)
          CRIM    ZN INDUS  CHAS   NOX    RM   AGE
CRIM      1.00 -0.20  0.41 -0.06  0.42 -0.22  0.35
ZN       -0.20  1.00 -0.53 -0.04 -0.52  0.31 -0.57
INDUS     0.41 -0.53  1.00  0.06  0.76 -0.39  0.64
CHAS     -0.06 -0.04  0.06  1.00  0.09  0.09  0.09
NOX       0.42 -0.52  0.76  0.09  1.00 -0.30  0.73
RM       -0.22  0.31 -0.39  0.09 -0.30  1.00 -0.24
AGE       0.35 -0.57  0.64  0.09  0.73 -0.24  1.00
DIS      -0.38  0.66 -0.71 -0.10 -0.77  0.21 -0.75
RAD       0.63 -0.31  0.60 -0.01  0.61 -0.21  0.46
TAX       0.58 -0.31  0.72 -0.04  0.67 -0.29  0.51
PTRATIO   0.29 -0.39  0.38 -0.12  0.19 -0.36  0.26
B        -0.39  0.18 -0.36  0.05 -0.38  0.13 -0.27
LSTAT     0.46 -0.41  0.60 -0.05  0.59 -0.61  0.60
           DIS   RAD   TAX PTRATIO     B LSTAT
CRIM     -0.38  0.63  0.58    0.29 -0.39  0.46
ZN        0.66 -0.31 -0.31   -0.39  0.18 -0.41
INDUS    -0.71  0.60  0.72    0.38 -0.36  0.60
CHAS     -0.10 -0.01 -0.04   -0.12  0.05 -0.05
NOX      -0.77  0.61  0.67    0.19 -0.38  0.59
RM        0.21 -0.21 -0.29   -0.36  0.13 -0.61
AGE      -0.75  0.46  0.51    0.26 -0.27  0.60
DIS       1.00 -0.49 -0.53   -0.23  0.29 -0.50
RAD      -0.49  1.00  0.91    0.46 -0.44  0.49
TAX      -0.53  0.91  1.00    0.46 -0.44  0.54
PTRATIO  -0.23  0.46  0.46    1.00 -0.18  0.37
B         0.29 -0.44 -0.44   -0.18  1.00 -0.37
LSTAT    -0.50  0.49  0.54    0.37 -0.37  1.00
```

忽略主对角线，我们可以看到一些相关系数是大于 0.5 的，因此 PCA 可能有助于降维。

3）我们可以通过绘制散点矩阵图将前述步骤可视化（如图 5-6 所示）：

```
> plot(bh[,-14])
```

4）建立 PCA 模型：

```
> bh.pca <- prcomp(bh[,-14], scale = TRUE)
```

5）检查所生成的主成分的旋转载荷：

```
> print(bh.pca)

Standard deviations:
 [1] 2.4752472 1.1971947 1.1147272 0.9260535 0.9136826
 [6] 0.8108065 0.7316803 0.6293626 0.5262541 0.4692950
[11] 0.4312938 0.4114644 0.2520104
```

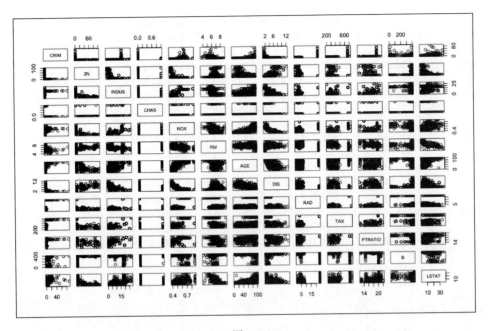

图 5-6

```
Rotation:
                 PC1           PC2            PC3            PC4
CRIM      0.250951397  -0.31525237    0.24656649   -0.06177071
ZN       -0.256314541  -0.32331290    0.29585782   -0.12871159
INDUS     0.346672065   0.11249291   -0.01594592   -0.01714571
CHAS      0.005042434   0.45482914    0.28978082   -0.81594136
NOX       0.342852313   0.21911553    0.12096411    0.12822614
RM       -0.189242570   0.14933154    0.59396117    0.28059184
AGE       0.313670596   0.31197778   -0.01767481    0.17520603
DIS      -0.321543866  -0.34907000   -0.04973627   -0.21543585
RAD       0.319792768  -0.27152094    0.28725483   -0.13234996
TAX       0.338469147  -0.23945365    0.22074447   -0.10333509
PTRATIO   0.204942258  -0.30589695   -0.32344627   -0.28262198
B        -0.202972612   0.23855944   -0.30014590   -0.16849850
LSTAT     0.309759840  -0.07432203   -0.26700025   -0.06941441
                 PC5           PC6            PC7            PC8
CRIM      0.082156919  -0.21965961    0.777607207  -0.153350477
ZN        0.320616987  -0.32338810   -0.274996280   0.402680309
INDUS    -0.007811194  -0.07613790   -0.339576454  -0.173931716
CHAS      0.086530945   0.16749014    0.074136208   0.024662148
NOX       0.136853557  -0.15298267   -0.199634840  -0.080120560
RM       -0.423447195   0.05926707    0.063939924   0.326752259
AGE       0.016690847  -0.07170914    0.116010713   0.600822917
DIS       0.098592247   0.02343872   -0.103900440   0.121811982
RAD      -0.204131621  -0.14319401   -0.137942546  -0.080358311
TAX      -0.130460565  -0.19293428   -0.314886835  -0.082774347
PTRATIO  -0.584002232   0.27315330    0.002323869   0.317884202
```

```
B        -0.345606947 -0.80345454   0.070294759   0.004922915
LSTAT     0.394561129 -0.05321583   0.087011169   0.424352926
                  PC9          PC10          PC11          PC12
CRIM       0.26039028 -0.019369130 -0.10964435 -0.086761070
ZN         0.35813749 -0.267527234  0.26275629  0.071425278
INDUS      0.64441615  0.363532262 -0.30316943  0.113199629
CHAS      -0.01372777  0.006181836  0.01392667  0.003982683
NOX       -0.01852201 -0.231056455  0.11131888 -0.804322567
RM         0.04789804  0.431420193  0.05316154 -0.152872864
AGE       -0.06756218 -0.362778957 -0.45915939  0.211936074
DIS       -0.15329124  0.171213138 -0.69569257 -0.390941129
RAD       -0.47089067 -0.021909452  0.03654388  0.107025890
TAX       -0.17656339  0.035168348 -0.10483575  0.215191126
PTRATIO    0.25442836 -0.153430488  0.17450534 -0.209598826
B         -0.04489802  0.096515117  0.01927490 -0.041723158
LSTAT     -0.19522139  0.600711409  0.27138243 -0.055225960
                  PC13
CRIM       0.045952304
ZN        -0.080918973
INDUS     -0.251076540
CHAS       0.035921715
NOX        0.043630446
RM         0.045567096
AGE       -0.038550683
DIS       -0.018298538
RAD       -0.633489720
TAX        0.720233448
PTRATIO    0.023398052
B         -0.004463073
LSTAT      0.024431677
```

6）检查各主成分的重要度：

```
> summary(bh.pca)

Importance of components:
                          PC1     PC2     PC3     PC4
Standard deviation     2.4752  1.1972 1.11473 0.92605
Proportion of Variance 0.4713  0.1103 0.09559 0.06597
Cumulative Proportion  0.4713  0.5816 0.67713 0.74310
                          PC5     PC6     PC7     PC8
Standard deviation     0.91368 0.81081 0.73168 0.62936
Proportion of Variance 0.06422 0.05057 0.04118 0.03047
Cumulative Proportion  0.80732 0.85789 0.89907 0.92954
                          PC9    PC10    PC11    PC12
Standard deviation     0.5263  0.46930 0.43129 0.41146
Proportion of Variance 0.0213  0.01694 0.01431 0.01302
Cumulative Proportion  0.9508  0.96778 0.98209 0.99511
                         PC13
Standard deviation     0.25201
Proportion of Variance 0.00489
Cumulative Proportion  1.00000
```

从报告的累积百分比中可以注意到，前七个主成分贡献了约总体方差的90%。

7）用碎石图或条形图将各主成分的重要度进行可视化。

用以下命令得到条形图（如图 5-7 所示）：

```
> # barplot
> plot(bh.pca)
```

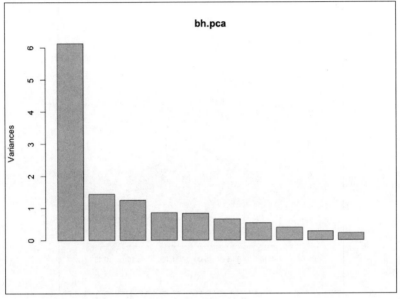

图　5-7

用以下命令得到碎石图（见图 5-8）：

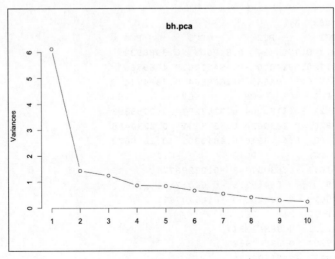

图　5-8

```
> # scree plot
> plot(bh.pca, type = "lines")
```

8）为 PCA 的结果绘制双信息图（见图 5-9）：

```
> biplot(bh.pca, col = c("gray", "black"))
```

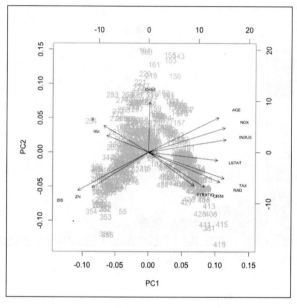

图 5-9

9）用 bh.pca 的 x 组件来查看计算出的样本的主成分值：

```
> head(bh.pca$x, 3)
           PC1        PC2        PC3        PC4
[1,] -2.096223  0.7723484  0.3426037  0.8908924
[2,] -1.455811  0.5914000 -0.6945120  0.4869766
[3,] -2.072547  0.5990466  0.1669564  0.7384734
           PC5        PC6        PC7        PC8
[1,]  0.4226521 -0.3150264  0.3183257 -0.2955393
[2,] -0.1956820  0.2639620  0.5533137  0.2234488
[3,] -0.9336102  0.4476516  0.4840809 -0.1050622
            PC9       PC10        PC11
[1,] -0.42451671 -0.63957348 -0.03296774
[2,] -0.16679701 -0.08415319 -0.64017631
[3,]  0.06970615  0.18020170 -0.48707471
           PC12        PC13
[1,] -0.01942101  0.36561351
[2,]  0.12567304 -0.07064958
[3,] -0.13319472 -0.01400794
```

10）用以下命令查看旋转载荷以及标准差：

```
> bh.pca$rotation
> bh.pca$sdev
```

工作原理

步骤1读取数据。

步骤2生成了有关维度的相关系数矩阵并检查其中是否有能用PCA降维的迹象。如果绝大多数的相关系数都很小，则PCA就可能无法进行降维。

步骤3通过绘制有关变量的散点矩阵图，用图形的方法做了同样的检查。

步骤4使用prcomp函数建立了PCA模型。我们用scale=TRUE来生成一个基于相关系数矩阵的模型而非基于协方差均值的模型。

步骤5输出了模型结果。这里显示了所用变量的标准差，按照重要度降序排列所有主成分的旋转载荷。

步骤6中summary函数被用于获取此模型的另一些不同的信息。这些信息在显示的时候同样是按照各成分的重要度降序排列的。对于每一个主成分，这里给出了其标准差、方差百分比，以及累积的方差百分比。我们可以用这些来定位涵盖了数据集中绝大多数变异的成分。例如，这个输出告诉我们13个主成分中的前7个贡献了总体方差的90%。

步骤7中使用plot函数绘制了PCA所贡献的方差的条形图和碎石图。

步骤8展示了如何生成双信息图。它使用前两个主成分作为主轴，并在图中表现出了每个变量在这两个主成分上的载荷。图5-9中上方和右侧的坐标轴对应着数据点在两个主成分上的分值。

步骤9中predict函数被用于查看每个数据点在主成分上的分值。可以用这个函数来计算新数据的主成分分值：

```
> predict(bh.pca, newdata = …)
```

从历史中学习——时间序列分析

6.1　引言

R 在时间序列分析上有着非凡的功能。本章将通过一些精心挑选的方法来涵盖这一主题。`stats` 包提供了一些基本的功能，其他几个包则提供了更进一步的功能。

6.2　创建并检查日期对象

R 基础包提供了日期功能。这个"大杂烩"方法向你展示了 R 中几个与日期有关的操作。R 在内部将日期表示为 1970 年 1 月 1 日之后的天数。

准备就绪

在本方法中，我们将只使用基础包中的功能，且不会使用外部数据，因此你无须做任何准备。

要怎么做

R 在内部将日期表示为其距离 1970 年 1 月 1 日的天数：

1）获取今天的日期：

```
> Sys.Date()
```

2）从字符串中创建日期对象：

```
> # Supply year as two digits
> # Note correspondence between separators in the date string and
the format string
> as.Date("1/1/80", format = "%m/%d/%y")

[1] "1980-01-01"

> # Supply year as 4 digits
> # Note uppercase Y below instead of lowercase y as above
> as.Date("1/1/1980", format = "%m/%d/%Y")

[1] "1980-01-01"

> # If you omit format string, you must give date as "yyyy/mm/dd"
or as "yyyy-mm-dd"
> as.Date("1970/1/1")

[1] "1970-01-01"

> as.Date("70/1/1")

[1] "0070-01-01"
```

3）在字符串格式中使用其他分隔符（本例使用了连字符），同时也查看了其底层的
数值：

```
> dt <- as.Date("1-1-70", format = "%m-%d-%y")
> as.numeric(dt)

[1] 0
```

4）探索其他字符串格式选项：

```
> as.Date("Jan 15, 2015", format = "%b %d, %Y")

[1] "2015-01-15"

> as.Date("January 15, 15", format = "%B %d, %y")

[1] "2015-01-15"
```

5）通过修改数字格式类型来创建日期：

```
> dt <- 1000
> class(dt) <- "Date"
> dt                     # 1000 days from 1/1/70

[1] "1972-09-27"

> dt <- -1000
```

```
> class(dt) <- "Date"
> dt                     # 1000 days before 1/1/70

[1] "1967-04-07"
```

6）通过设定日期原点和距离天数来创建日期：

```
> as.Date(1000, origin = as.Date("1980-03-31"))

[1] "1982-12-26"

> as.Date(-1000, origin = as.Date("1980-03-31"))

[1] "1977-07-05"
```

7）检查日期组件：

```
> dt <- as.Date(1000, origin = as.Date("1980-03-31"))
> dt

[1] "1982-12-26"

> # Get year as four digits
> format(dt, "%Y")

[1] "1982"

> # Get the year as a number rather than as character string
> as.numeric(format(dt, "%Y"))

[1] 1982

> # Get year as two digits
> format(dt, "%y")

[1] "82"

> # Get month
> format(dt, "%m")

[1] "12"

> as.numeric(format(dt, "%m"))

[1] 12

> # Get month as string
> format(dt, "%b")
```

```
[1] "Dec"

> format(dt, "%B")

[1] "December"

> months(dt)

[1] "December"

> weekdays(dt)

[1] "Sunday"

> quarters(dt)
[1] "Q4"

> julian(dt)

[1] 4742
attr(,"origin")
[1] "1970-01-01"
> julian(dt, origin = as.Date("1980-03-31"))

[1] 1000
attr(,"origin")
[1] "1980-03-31"
```

工作原理

步骤1展示了如何获取系统日期。

步骤2～步骤4展示了如何从字符串中生成日期。可以看到，通过指定合适的字符串格式，我们几乎可以从任何字符串表达式中读取日期。只要在字符串格式中使用了同样的分隔符号，我们就可以使用任何分隔符。下表总结了日期组件的格式选项：

格式分类符	描述
%d	某个月中的第几日，例如，15
%m	代表月份的数字，例如，10
%b	月份的字符串形式的缩写，例如，"Jan"
%B	月份的字符串形式的完整名称，例如，"January"
%y	两位数字的年份，例如，87
%Y	四位数字的年份，例如，2001

步骤5显示了如何将一个整数通过改变类型成为一个日期。R在内部将日期表示为从1970年1月1日开始的天数，因此0代表了1970年1月1日。我们可以将正数和负数转换为日期。负数会给出1/1/1970之前的日期。

步骤 6 展示了如何找到距离一个给定日期（原点）给定天数的日期。

步骤 7 展示了如何用 format 函数和恰当指定的格式（见上表）检查一个日期对象的各个独立组件。步骤 7 同样展示了 months、weekdays 和 julian 函数的用法。它们可用于得到一个日期的对应月份，周几和儒略日。如果我们在 julian 函数中省略了原点，则 R 会假设 1/1/1970 是原点。

参考内容

❑ 6.3 节

6.3 对日期对象进行操作

R 提供了很多有用的操作日期对象的手段，比如日期的加和减以及日期序列的创建。本方法展示了很多此类操作的实际用法。更多关于创建和检查日期对象的细节请参考 6.2 节。

准备就绪

R 基础包中提供了日期功能，你无须做任何额外的准备工作。

要怎么做

1）在日期对象上加上或减去天数：

```
> dt <- as.Date("1/1/2001", format = "%m/%d/%Y")
> dt

[1] "2001-01-01"

> dt + 100                # Date 100 days from dt

[1] "2001-04-11"

> dt + 31

[1] "2001-02-01"
```

2）让两个日期对象相减从而找出两个日期相隔的天数：

```
> dt1 <- as.Date("1/1/2001", format = "%m/%d/%Y")
> dt2 <- as.Date("2/1/2001", format = "%m/%d/%Y")
> dt1-dt1

Time difference of 0 days

> dt2-dt1

Time difference of 31 days
```

```
> dt1-dt2
```

```
Time difference of -31 days
> as.numeric(dt2-dt1)
```

```
[1] 31
```

3）比较日期对象的大小：

```
> dt2 > dt1
```

```
[1] TRUE
```

```
> dt2 == dt1
```

```
[1] FALSE
```

4）创建日期序列：

```
> d1 <- as.Date("1980/1/1")
> d2 <- as.Date("1982/1/1")
> # Specify start date, end date and interval
> seq(d1, d2, "month")
```

```
 [1] "1980-01-01" "1980-02-01" "1980-03-01" "1980-04-01"
 [5] "1980-05-01" "1980-06-01" "1980-07-01" "1980-08-01"
 [9] "1980-09-01" "1980-10-01" "1980-11-01" "1980-12-01"
[13] "1981-01-01" "1981-02-01" "1981-03-01" "1981-04-01"
[17] "1981-05-01" "1981-06-01" "1981-07-01" "1981-08-01"
[21] "1981-09-01" "1981-10-01" "1981-11-01" "1981-12-01"
[25] "1982-01-01"
```

```
> d3 <- as.Date("1980/1/5")
> seq(d1, d3, "day")
```

```
[1] "1980-01-01" "1980-01-02" "1980-01-03" "1980-01-04"
[5] "1980-01-05"
```

```
> # more interval options
> seq(d1, d2, "2 months")
```

```
 [1] "1980-01-01" "1980-03-01" "1980-05-01" "1980-07-01"
 [5] "1980-09-01" "1980-11-01" "1981-01-01" "1981-03-01"
 [9] "1981-05-01" "1981-07-01" "1981-09-01" "1981-11-01"
[13] "1982-01-01"
```

```
> # Specify start date, interval and sequence length
> seq(from = d1, by = "4 months", length.out = 4 )
```

```
[1] "1980-01-01" "1980-05-01" "1980-09-01" "1981-01-01"
```

5）基于区间找出给定日期之前或之后的日期：

```
> seq(from = d1, by = "3 weeks", length.out = 2)[2]

[1] "1980-01-22"
```

工作原理

步骤 1 展示了如何从一个日期上加上或减去天数来得到结果。

步骤 2 展示了如何让两个日期相减求出它们之间的天数。其结果是一个 difftime 对象，当需要时你可以将它转换成数字。

步骤 3 展示了日期之间的逻辑比较。

步骤 4 展示了两种创建日期序列的方法。一种可以指定开始日期 from、结束日期 to 以及用 by 指定序列元素之间的用字符串表示的固定间隔。另一种可以指定开始日期 from、时间间隔，以及你想要的序列元素的个数。当使用后一种方法时，你必须写明参数名称。

步骤 5 展示了你可以用更加灵活的时间间隔来创建序列。

参考内容

❑ 6.2 节

6.4　对时间序列数据做初步分析

在创建合适的时间序列对象之前，你可能想要先做一些基础分析。本方法向你展示如何完成这项工作。

准备就绪

base 包提供了所有必需的功能。如果你还没有下载本章的数据文件，现在去下载并确保将它们存放于你的 R 工作目录中。

要怎么做

1）读取数据文件。我们将使用的数据包含了 1999 年 3 月 11 日至 2015 年 11 月 15 日之间沃尔玛的股价（从雅虎金融下载）：

```
> wm <- read.csv("walmart.csv")
```

2）以折线图的形式查看数据：

```
> plot(wm$Adj.Close, type = "l")
```

数据可以用如图 6-1 所示的折线图查看。

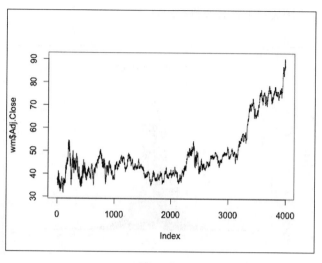

图　6-1

3）计算并绘制每日股价变动：

```
> d <- diff(wm$Adj.Close)
> plot(d, type = "l")
```

绘制出的股价日变动图如图 6-2 所示。

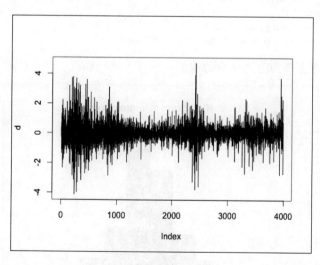

图　6-2

4）创建股价日变动的直方图，并添加密度图：

```
> hist(d, prob = TRUE, ylim = c(0,0.8), main = "Walmart stock",
col = "blue")
> lines(density(d), lwd = 3)
```

图 6-3 所示的直方图展示了每日股价变动：

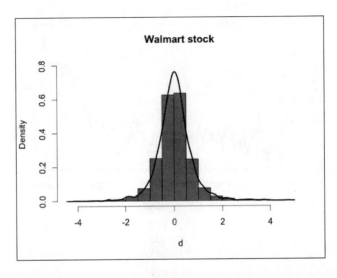

图 6-3

5）计算一期回报率：

```
> wmm <- read.csv("walmart-monthly.csv")
> wmm.ts <- ts(wmm$Adj.Close)
> d <- diff(wmm.ts)
> wmm.return <- d/lag(wmm.ts, k=-1)
> hist(wmm.return, prob = TRUE, col = "blue")
```

图 6-4 所示的直方图为前述命令的输出：

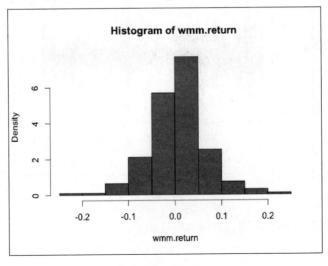

图 6-4

工作原理

步骤 1 读取数据，步骤 2 将其绘制成折线图。

步骤 3 用 diff 函数生成一期差分，然后用 plot 函数绘制出股价差。默认情况下，diff 函数计算一期差分。你可以用参数来计算更大延迟的差分。例如，下面的命令计算了二期滞后差分：

```
> diff(wmm$Adj.Close, lag = 2)
```

步骤 4 生成了一期价格变化的直方图。这里使用了 prob=TRUE 来生成基于频率的直方图。然后在其上添加了密度图来得到分布形状的一个高粒度图像。

步骤 5 计算了股票的一期回报率。它通过将一个周期内的股价变动除以此周期前端的股价来得到回报率。然后基于这些回报率生成了直方图。

参考内容

❑ 6.5 节

6.5 使用时间序列对象

在本方法中，我们关注各种用于创建和绘制时间序列对象的功能，我们将考虑包含单个和多个时间序列的数据。

准备就绪

如果你还没有下载本章的数据文件，现在去下载并确保将这些文件放置于你的 R 工作目录中。

要怎么做

1）读取数据。文件含有 100 行和一个名为 sales 的列：

```
> s <- read.csv("ts-example.csv")
```

2）将数据转换成一个不带有任何显式时间标记的最简时间序列：

```
> s.ts <- ts(s)
> class(s.ts)
[1] "ts"
```

3）绘制时间序列（如图 6-5 所示）：

```
> plot(s.ts)
```

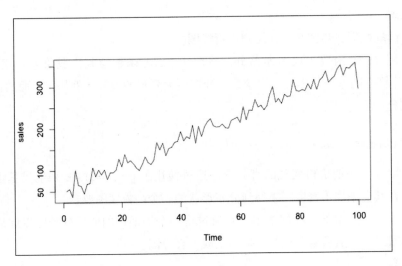

图 6-5

4）创建一个带有时间点的合适的时间序列对象：

```
> s.ts.a <- ts(s, start = 2002)
> s.ts.a
Time Series:
Start = 2002
End = 2101
Frequency = 1
        sales
  [1,]    51
  [2,]    56
  [3,]    37
  [4,]   101
  [5,]    66
  (output truncated)
> plot(s.ts.a)
> # results show that R treated this as an annual
> # time series with 2002 as the starting year
```

前述命令的结果如图 6-6 所示。

运行以下命令来创建一个月度时间序列：

```
> # Create a monthly time series
> s.ts.m <- ts(s, start = c(2002,1), frequency = 12)
> s.ts.m

      Jan Feb Mar Apr May Jun Jul Aug Sep Oct Nov Dec
2002   51  56  37 101  66  63  45  68  70 107  86 102
2003   90 102  79  95  95 101 128 109 139 119 124 116
2004  106 100 114 133 119 114 125 167 149 165 135 152
2005  155 167 169 192 170 180 175 207 164 204 180 203
```

```
2006 215 222 205 202 203 209 200 199 218 221 225 212
2007 250 219 242 241 267 249 253 242 251 279 298 260
2008 269 257 279 273 275 314 288 286 290 288 304 291
2009 314 290 312 319 334 307 315 321 339 348 323 342
2010 340 348 354 291
> plot(s.ts.m)  # note x axis on plot
```

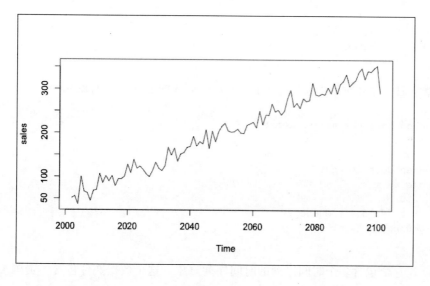

图　6-6

图 6-7 为前述命令的输出结果。

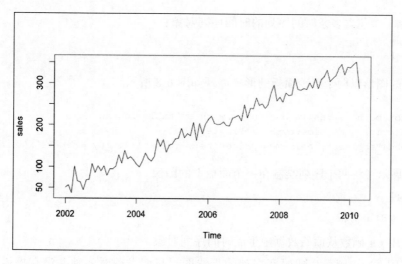

图　6-7

```
> # Specify frequency = 4 for quarterly data
> s.ts.q <- ts(s, start = 2002, frequency = 4)
> s.ts.q

      Qtr1 Qtr2 Qtr3 Qtr4
2002    51   56   37  101
2003    66   63   45   68
2004    70  107   86  102
2005    90  102   79   95
2006    95  101  128  109
(output truncated)
> plot(s.ts.q)
```

5）查询时间序列对象（这里用到了前一步中创建的 s.ts.m 对象）：

```
> # When does the series start?
> start(s.ts.m)
[1] 2002    1
> # When does it end?
> end(s.ts.m)
[1] 2010    4
> # What is the frequency?
> frequency(s.ts.m)
[1] 12
```

6）创建一个包含多个时间序列的时间序列对象。这个数据文件包含了美国 1980 年至 2014 年每月的面粉与无铅汽油消费价格（从美国劳工统计局网站下载）：

```
> prices <- read.csv("prices.csv")
> prices.ts <- ts(prices, start=c(1980,1), frequency = 12)
```

7）绘制一个包含多条时间序列的时间序列对象：

```
> plot(prices.ts)
```

绘制出的图形以两个单独面板的形式展现如图 6-8 所示。

```
> # Plot both series in one panel with suitable legend
> plot(prices.ts, plot.type = "single", col = 1:2)
> legend("topleft", colnames(prices.ts), col = 1:2, lty = 1)
```

图 6-9 展示了将两个序列绘制在一个面板上的图像。

工作原理

步骤 1 读取了数据。

步骤 2 用 ts 函数从原始数据中生成时间序列对象。

步骤 3 用 plot 函数生成时间序列的折线图。我们发现时间轴并没有提供多少信息。时间序列对象可以用更友好的形式来表达时间。

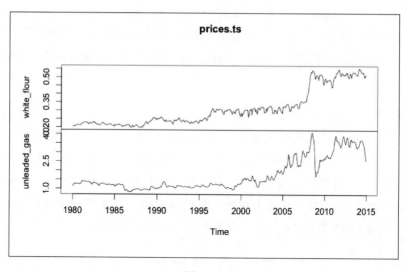

图 6-8

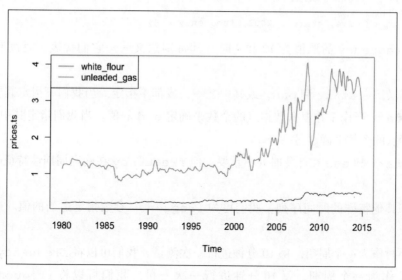

图 6-9

步骤 4 展示了如何创建一个带有更好的时间标记的时间序列对象。它展示了我们如何将一组数据序列作为年度、月度或季度时间序列。参数 start 和 frequency 有助于我们控制这些数据序列。

尽管我们这里提供的时间序列只是一系列的值，实际上我们的数据隐含地附带有时间标记。例如，数据可能是一个年度数字、月度数字或季度数字（或者其他，如每 10 秒对某件事物做一次观测的记录值）。仅仅给出原始数字（在我们的例子中，即 ts-example. csv），ts 函数无法知道时间方面的信息，同时默认情况下假设不存在次要时间区间。

我们可以用 frequency 参数来告知 ts 如何构建数据所对应的时间信息。这个 frequency 参数控制了一个主要时间区间中有几次要时间区间。如果我们没有显式地指定它，那么 frequency 默认取值为 1。因此，以下代码将数据视作一个从 2002 年开始的年度序列：

```
> s.ts.a <- ts(s, start = 2002)
```

另一方面，下面的代码将数据视为一个从 2002 年 1 月开始的月度时间序列。如果我们指定 start 参数为一个数，则 R 将此序列当作从指定的 start 时期的第一个子时期开始的时间序列。当我们指定 frequency 为一个不同于 1 的数时，start 参数可以用一个向量，比如 c(2002,1) 来定义这个序列，它的主时期，以及序列开始时所处的子时期。c(2002,1) 代表 2002 年 1 月：

```
> s.ts.m <- ts(s, start = c(2002,1), frequency = 12)
```

类似地，下列代码将数据当作一个季度序列，从 2002 年的第一个季度开始：

```
> s.ts.q <- ts(s, start = 2002, frequency = 4)
```

参数 frequency 的取值为 12 和 4 时有其特别意义——它们代表了月度和季度时间序列。

我们可以指定 start 和 end，或其中之一，或都不指定。当我们不指定其中任何一个时，R 将 start 当作 1 并根据数据点的个数来确定 end 的值。当我们指定其中之一时，R 会根据数据点的个数来确定另一个。

虽然 start 和 end 在计算时并不重要，但 frequency 在确定周期性特征时扮演着重要角色。

如果有其他特殊的时间序列，我们可为 frequency 参数指定适当的值。这里有两个例子：

❑ 每小时作为一个周期，每 10 分钟进行一次测量，我们可以将 frequency 指定为 6。
❑ 每天作为一个周期，每 10 分钟进行一次测量，我们可以将 frequency 指定为 24×6（每天 24 小时，每小时测量 6 次）。

步骤 5 展示了用 start、end 和 frequency 函数来查询时间序列对象。

步骤 6 和步骤 7 展示了 R 可处理包含多个时间序列的数据文件。

参考内容

❑ 6.4 节

6.6 分解时间序列

stats 包提供了很多处理时间序列的函数。本方法涵盖了 decompose 和 stl 函数的用法,它们可以从时间序列中抽取出周期性、趋势性和随机性的成分。

准备就绪

如果你还没有下载本章的数据文件,现在去下载并确保将这些文件放置于你的 R 工作目录中。

要怎么做

按以下步骤分解时间序列:

1)读取数据。此文件包含了来自美国劳工局的 1980 年至 2014 年无铅汽油和面粉的月度价格数据:

```
> prices <- read.csv("prices.csv")
```

2)创建并绘制汽油价格的时间序列:

```
> prices.ts = ts(prices, start = c(1980,1), frequency = 12)
> plot(prices.ts[,2])
```

3)图像显示出了汽油价格的周期性。波动的振幅看起来随着时间递增。因此,这看起来像一个乘法时间序列。所以我们将使用对数价格来让它具有可加性。使用 stl 函数对汽油价格实现一个 Loess 分解:

```
> prices.stl <- stl(log(prices.ts[,1]), s.window =
  "period")
```

4)绘制 stl 的结果:

```
> plot(prices.stl)
```

前述命令的输出结果如图 6-10 所示。

5)另外你也可以用 decompose 函数来按照移动平均来做分解:

```
> prices.dec <- decompose(log(prices.ts[,2]))
> plot(prices.dec)
```

图 6-11 展示了前述命令的输出。

6)为汽油价格做周期性调整并画图:

```
> gas.seasonally.adjusted <- prices.ts[,2] -
  prices.dec$seasonal
> plot(gas.seasonally.adjusted)
```

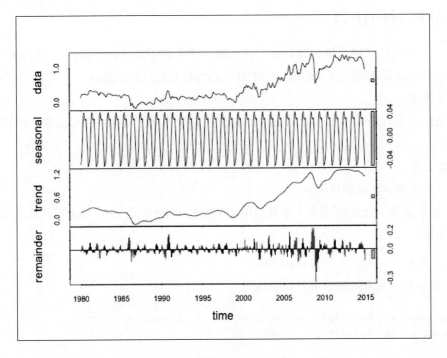

图　6-10

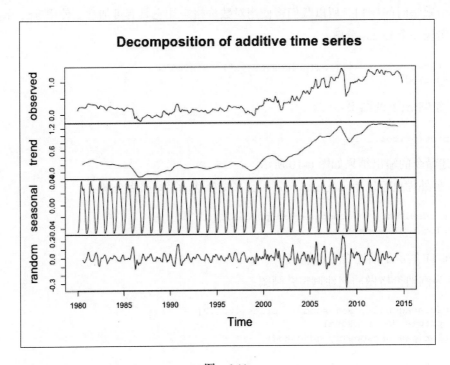

图　6-11

工作原理

步骤1读取了数据，步骤2创建了时间序列并画图。更多细节请参考6.5节的方法。

步骤3展示了用 `stl` 函数将一个加法时间序列进行分解。由于我们之前绘制的图形预示着波动的振幅随着时间递增，因此说明这可能是一个乘法时间序列；我们用 `log` 函数将其转换成加法时间序列，然后将其分解。

步骤4用 `plot` 函数绘制出结果。

步骤5用 `decompose` 函数通过移动平均来分解这个时间序列然后绘制图形。

步骤6从汽油价格的原始时间序列中减去周期性成分来修正汽油价格，然后绘制出调整后的时间序列。

参考内容

❑ 6.5 节

❑ 6.7 节

❑ 6.8 节

6.7 对时间序列数据做滤波

本方法展示了我们如何用 `stats` 包中的 `filter` 函数计算移动平均。

准备就绪

如果你还没有下载本章的数据文件，现在去下载并确保将这些文件放置于你的 R 工作目录中。

要怎么做

要对时间序列数据做滤波，请遵循以下步骤：

1）读取数据。这个文件包含了某种产品的虚构的周销售量：

```
> s <- read.csv("ts-example.csv")
```

2）创建滤波向量，我们假设一个七期滤波：

```
> n <- 7
> wts <- rep(1/n, n)
```

3）计算对称滤波值（三个过去值、一个当前值和三个未来值）和单侧滤波值（一个当前值和六个过去值）：

```
> s.filter1 <- filter(s$sales, filter = wts, sides = 2)
> s.filter2 <- filter(s$sales, filter = wts, sides = 1)
```

4）绘制滤波后的值：

```
> plot(s$sales, type = "l")
> lines(s.filter1, col = "blue", lwd = 3)
> lines(s.filter2, col = "red", lwd = 3)
```

画出的滤波后的值如图 6-12 所示。

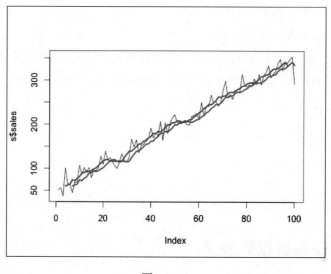

图　6-12

工作原理

步骤 1 读取了数据。

步骤 2 创建了滤波权值，我们使用了一个七期窗口。这意味着当前值和六个其他值的加权平均组成了当前点滤波后的值。

步骤 3 计算了双侧滤波（当前值和三个过去值和三个未来值的加权平均）和单侧滤波（基于当前值和六个早期值）。

步骤 4 绘制出了原始数据，对称滤波和单侧滤波。我们可以看出双侧滤波能更早地追踪到价格变化。

参考内容

❏ 6.5 节

❏ 6.6 节

❏ 6.8 节

6.8　用 HoltWinters 方法实现平滑和预测

stats 包具有用 HoltWinters 方法对趋势和周期性进行指数平滑的功能，并且

forecast 包扩展了这一功能使之可以用于预测。本方法面向这些主题。

准备就绪

如果你还没有下载本章的数据文件，现在去下载并确保将这些文件放置于你的 R 工作目录中。安装并加载 forecast 包。

要怎么做

要使用 HoltWinters 方法进行指数平滑和预测，请遵循以下步骤：

1）读取数据。这个文件包含了从雅虎金融上获取的 Infosys 公司从 1999 年 3 月至 2015 年 1 月的月度股价数据：

```
> infy <- read.csv("infy-monthly.csv")
```

2）创建时间序列对象：

```
> infy.ts <- ts(infy$Adj.Close, start = c(1999,3),
    frequency = 12)
```

3）应用 HoltWinters 指数平滑：

```
> infy.hw <- HoltWinters(infy.ts)
```

4）绘制结果：

```
> plot(infy.hw, col = "blue", col.predicted = "red")
```

绘制出的结果如图 6-13 所示。

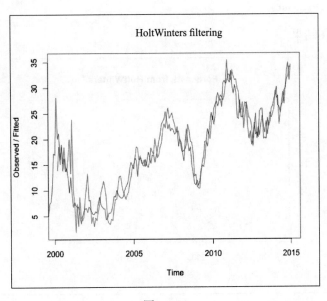

图 6-13

检查结果：

```
> # See the squared errors
> infy.hw$SSE
[1] 1446.232
> # The alpha beta and gamma used for filtering
> infy.hw$alpha
    alpha
0.5658932
> infy.hw$beta
       beta
0.009999868
> infy.hw$gamma
gamma
    1
> # the fitted values
> head(infy.hw$fitted)
         xhat     level     trend      season
[1,] 13.91267 11.00710 0.5904618  2.31510417
[2,] 18.56803 15.11025 0.6255882  2.83218750
[3,] 15.17744 17.20828 0.6403124 -2.67114583
[4,] 19.01611 18.31973 0.6450237  0.05135417
[5,] 15.23710 18.66703 0.6420466 -4.07197917
[6,] 18.45236 18.53545 0.6343104 -0.71739583
```

用 HoltWinters 模型生成预测值并画图：

```
> library(forecast)
> infy.forecast <- forecast(infy.hw, h=20)
> plot(infy.forecast)
```

图 6-14 为绘图结果。

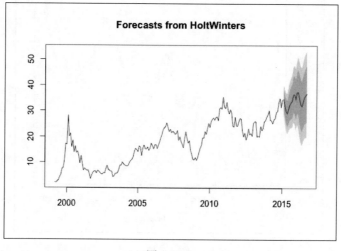

图 6-14

工作原理

步骤 1 读取了数据。在步骤 2 中，这个时间序列对象 `ts` 被创建出来。更多细节请参考 6.5 节的方法。

步骤 3 用 `HoltWinters` 函数对数据做平滑处理。

在步骤 4 中，生成的 `HoltWinters` 对象被绘制出来。这里展示了原始的时间序列和平滑后的值。

步骤 5 展示了可从 HoltWinters 模型对象中抽取信息的函数。

步骤 6 使用 `predict.HoltWinters` 函数来预测未来的值。这两个色带分别代表了 85% 和 95% 的置信区间。

参考内容

❑ 6.5 节
❑ 6.6 节
❑ 6.7 节

6.9 创建自动的 ARIMA 模型

`forecast` 包提供了 `auto.arima` 函数，可对一个单变量时间序列拟合出最佳的 ARIMA 模型。

准备就绪

如果你还没有下载本章的数据文件，现在去下载并确保将这些文件放置于你的 R 工作目录中。安装并加载 `forecast` 包。

要怎么做

为了创建一个自动的 ARIMA 模型，请遵循如下步骤：

1）读取数据。这个文件包含了从雅虎金融上获取的 Infosys 公司从 1999 年 3 月至 2015 年 1 月的月度股价数据：

```
> infy <- read.csv("infy-monthly.csv")
```

2）创建时间序列对象：

```
> infy.ts <- ts(infy$Adj.Close, start = c(1999,3),
    frequency = 12)
```

3）运行 ARIMA 模型：

```
> infy.arima <- auto.arima(infy.ts)
```

4）用 ARIMA 模型生成预测值：

```
> infy.forecast <- forecast(infy.arima, h=10)
```

5）对结果绘图：

```
> plot(infy.forecast)
```

绘制出的结果如图 6-15 所示。

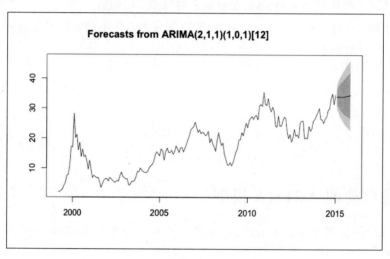

图　6-15

工作原理

步骤 1 读取了数据。

在步骤 2 中，时间序列对象 ts 被创建出来。更多细节请参考 6.5 节的方法。

在步骤 3 中，forecast 包中的 auto.arima 函数被用来建立模型。这个函数通过有序搜索 AIC、AICc 或 BIC 的值来生成最佳的 ARIMA 模型。我们通过 ic 参数来控制评判标准（例如，ic = "aicc"）。当我们没有为其提供这个值时，函数会使用 AICc。

在步骤 4 中，生成了指定时间区域（h 参数）的预测值。

步骤 5 对结果画图。两条色带分别显示了 85% 和 95% 的置信区间。你可以通过 col 参数来控制数据线的颜色，通过 fcol 参数来控制预测线的颜色。

参考内容

❏ 6.5 节

这都是你的关系——社交网络分析

7.1 引言

当想到"社交网络"这个词的时候，我们的脑海中会立刻浮现出 Twitter、Facebook、Google+、LinkedIn 以及 Meetup 这些网站。然而，数据分析师们已经将社交网络分析的概念应用到了更加广阔的领域。诸如合作者网络、人际网络、疾病的扩散、候鸟迁徙，以及互锁合作的董事会关系。这里仅仅列举出其中的几种。在本章中，我们会涵盖如何理解社交网络数据的方法。R 提供了多个可处理社交网络数据的包，我们在此将介绍其中最著名的一个包，`igraph`。

7.2 通过公共 API 下载社交网络数据

我们可以通过社交网站所提供的一些 API（公共应用程序编程接口）来下载这些网站上的数据。在本方法中，我们讨论了从利用公共 API 从 Meetup.com 网站上下载数据的流程。你可以修改这个基本的下载流程以适应其他网站。在本方法中，我们得到的是 JSON 格式的数据，然后我们将其导入到 R 的数据框中。

准备就绪

在本方法中，你会从 Meetup.com 下载数据。为了访问这些数据，你需要注册成为它的会员：

❑ 如果你还没有 http://www.meetup.com 的账号，那么现在去注册一个，并成为其中一些小组的成员。

❑ 你需要使用你自己的 API 密钥通过脚本来下载数据。可以从 http://www.meetup.com/meetup_api/ 单击 API 密钥的连接来获取你自己的密钥，并保存这个密钥。

无需任何额外的信息，你就可以重复这里的流程。然而如果你想知道更多的细节，可以在 http://www.meetup.com/meetup_api/ 阅读关于密钥的说明。

下载 groups.json 文件并将其保存在你的 R 工作目录中。

要怎么做

在本方法中，我们会看到如何从控制台获取数据，以及如何使用一个 R 脚本：

1）下载符合某个标准的 Meetup 小组信息。http://www.meetup.com 允许你在定义了自己的标准之后从他们的控制台下载数据。另外，你也可以通过一个合适的 URL 来直接获取数据。在下载大规模数据时，前一种方法存在一些限制。

2）在本方法中，我们首先向你展示如何从控制台获取数据。然后我们会展示如果使用一个 R 脚本来通过 URLs 获取大规模的数据。我们首先得到小组的一个列表。使用你的浏览器访问 http://www.meetup.com/meetup_api/。单击控制台，然后单击右边的 Groups（GET /2/groups）下面的第一个链接。输入你所感兴趣的主题以及你的 ISO 国家代码（两个字符，可以参考 http://en.wikipedia.org/wiki/ISO_3166-1 来获取国家代码）和城市或者邮编。你可以指定"半径"来限制所返回的组别的个数。我们这里使用的主题是 hiking，国家是 US，邮编是 08816，半径是 25。单击 Show Response 来查看结果。如果你得到一个错误，那么试试看其他的值。如果你使用了一个不同于此的筛选标准，你可能会看到很多小组。对于前面的结果，你会注意到每一个小组的很多属性信息。你可以使用 only 来得到其中一些属性。例如，为了只得到组 ID、组名，以及成员个数，请在 only 这一栏中输入 id,name,members（注意在逗号后面没有空格）。

3）你也可以使用一个 URL 直接获取信息，但这样会需要使用你的 API 密钥。例如，下面这个 URL 可以获取位于荷兰阿姆斯特丹的所有与 hiking 相关的小组的 ID、组名、成员人数（用你自己的 API 密钥替换这里的 <<your api key>>，不需要保留这里的尖括号）。

```
http://api.meetup.com/2/groups?topic=hiking&country=NL&city=Ams
terdam&only=id,name,members&key=<<your api key>>
```

你会发现当直接使用 URL 连接的时候，控制台中的结果看起来会不大一样，但这只是格式上问题。控制台会输出格式漂亮的 JSON 数据，然而当我们使用一个 URL 时，我们看到的是一个无格式的 JSON 数据。

4）我们现在要将下载的数据保存起来；具体方法取决于你使用了第 2 步中的控制台

方法还是第 3 步中的 URL 方法。如果你使用的是控制台方法，你应该选择从 results 前面的 { 开始，到最后一个 } 结束的字符块。将这些文字复制到一个文本编辑器中并保存为 groups.json。另一方面，如果你使用了第 3 步中的 URL 方法，那么单击右键并选择"另存为"来将显示出来的结果保存到名为 groups.json 的文件中。将这个文件保存于你的 R 工作目录中。你也可以使用前面下载的 groups.json 文件。

5）我们现在从保存好的 JSON 文件中读取数据到 R 的一个数据框中。更多细节请参考 1.4 节：

```
> library(jsonlite)
> g <- fromJSON("groups.json")
> groups <- g$results
> head(groups)
```

6）对于每一个小组，我们现在将通过 Meetup.com API 来下载小组成员的信息并保存到一个名为 users 的数据框中。你所下载的本章代码文件中有一个名为 rdacb.getusers.R 的文件。将这个文件载入到你的 R 环境中并运行下面的代码。

对于我们的小组列表中的每一个小组，这段代码会使用 Meetup.com 的 API 来获取小组成员信息。它会生成一个包含了配对好的 group_id、user_id 的数据框。用你自己的 API 密钥替换这里的 <<apikey>>。确保用双引号将密钥括起来，同时确保不要在代码中出现任何尖括号。因为数据量以及网络请求的关系，这条命令需要运行一段时间。如果你得到一个错误消息反馈，那么请查看本节的"工作原理"部分：

```
> source("rdacb.getusers.R")
> # in command below, substitute your api key for
> # <<apikey>> and enclose it in double-quotes
> members <- rdacb.getusers(groups, <<apikey>>)
```

这会创建一个包含（group_id, user_id）的数据框。

7）这个 members 数据框现在包含了社交网络数据，我们后续的所有分析中都将使用它。然而，因为它非常的大，后续方法中很多步骤都会花费很长的时间。因此，为了简便，我们只保留了属于超过 16 个组的那些会员的信息，以此可以减少这个社交网络的大小。在这一步中，我们使用了数据表。关于它的更多细节内容请参考第 9 章。如果你想使用完整的社交网络数据，那么执行 users <- members 这条命令 并跳过下面两条命令，直接到步骤 8 中：

```
> library(data.table)
> users <- setDT(members)[,.SD[.N > 16], by = user_id]
```

8）再进一步处理之前，保存这个数据集：

```
> save(users,file="meetup_users.Rdata")
```

工作原理

步骤 2 和步骤 3 从 Meetup.com 上通过控制台获取了数据。

默认情况下，对于每一次调用，Meetup API 返回 20 条结果（JSON 文档）。然而，通过在控制台或者 URL 中添加 page=n（这里 *n* 是一个数字），我们可以得到更多的文档（上限是 200）。这个 API 的返回值中包含了元数据信息，其中也包含了返回的文档个数（在 count 元素中）、总的可获取文档个数（total_count 元素）、所使用的 URL，以及下一组结果要用到的 URL（next 元素）。

步骤 4 将浏览器中的结果保存到你的 R 工作目录中的 groups.json 文件中。

步骤 5 使用 jsonlite 包中的 fromJSON 函数将这个 JSON 数据文件载入到 R 数据框中。更多细节请参考 1.4 节。

返回的对象 g 中包含了在元素 results 中的结果。我们将 g$results（一个数据框）赋值给 groups 变量。

步骤 6 使用了一个便捷的 rdacb.getusers 函数对每一个组依次获取它们的组员。这个函数利用 group id 构建了一个合法的 API URL。因为每一次调用只返回一个固定数量的用户，我们在此使用了一个 while 循环来得到所有的用户。返回结果中的 next 元素会告诉我们一个组是否还有更多成员。

有些组可能没有成员，因此我们用 temp$results 来检查其是否返回一个数据框。API 会返回 Meetup.com 上的小组和用户 ID。

如果 Meetup.com 网站经过几次 API 调用之后遇到了过载问题，你会得到一个错误消息："Error in function (type, msg, asError = TRUE) : Empty reply from server"。重新尝试这一步。根据小组数量以及每个小组中的成员数量的多少，这一步可能会花费很长时间。

此时，我们已经有了一个非常大的社交网络数据。本章后续的方法会使用我们在本方法中创建的社交网络。当处理这整个网络的数据时，后续方法中的某些步骤可能会花费相当长的时间。对于我们这里的教程而言，使用一个小型的网络以及足够了。因此，在步骤 7 中，我们使用了 data.table 来获取属于超过 16 个小组的成员信息。

步骤 8 将这些成员数据保存在一个文件中以备后续使用。我们现在有了双模式的网络，其中第一个模式是一个小组的 集合，第二个模式是一张成员的列表。我们可以从这里创建一个基于公共小组关系的成员网络，或者一个基于公共成员的小组网络。在本章的剩余部分，我们使用前一种做法。

我们创建了一个数据框，其中每一行代表一个个体在一个小组中的成员关系。从这些信息出发，我们可以一个创建社交网络的表达形式。

参考内容

❑ 1.4 节

❑ 9.7 节

7.3　创建邻接矩阵和连边列表

我们可以用不同的格式来表示社交网络数据。我们在此涵盖了两种常用表示方法：稀疏邻接矩阵和连边列表。

从 Meetup.com 社交网站上获取数据（参考 7.2 节的方法），本方法展示了如何将包含成员信息的数据框转换成一个稀疏邻接矩阵并接着转换成一个连边列表。

在这个应用中，结点代表了 Meetup.com 的用户，如果两个结点所代表的用户是同一个小组的成员，则有一条边连接这两个结点，两个人之间共同小组的数量代表了它们之间连接的权重。

准备就绪

如果你还没有安装 `Matrix` 这个包，那么现在用下列代码安装它：

```
> install.packages("Matrix")
```

如果你已经完成了 7.2 节的方法并得到了 meetup_users.Rdata 文件，你现在就可以使用它。否则，你可以下载相应的数据文件并将它保存在你的 R 工作目录中。

要怎么做

要创建邻接矩阵和连边列表，请遵循如下步骤：

1）从 meetup_users.Rdata 文件中载入 Meetup.com 网站的用户信息。这会创建一个名为的数据框，其中含有变量（user_id、group_id）：

```
> load("meetup_users.Rdata")
```

2）创建一个稀疏矩阵，其中行代表着各个小组，列代表着各个用户。对于每一个组中有某个用户的位置，我们用 TRUE 来填充（group_id, user_id）的位置。如果你有非常多用户，那么这一步会花费相当长的时间。同样的，创建一个稀疏矩阵也需要消耗很多内存。如果你的 R 会话卡住了，那么你可能需要找一台拥有更大内存的计算机，或者减少用户数量之后再试一次：

```
> library(Matrix)
> grp.membership = sparseMatrix(users$group_id, users$user_id, x =
TRUE)
```

3）使用这个稀疏矩阵来创建一个邻接矩阵，该邻接矩阵的行和列都代表了用户，矩阵中的元素为一个数字，其代表了两个用户都属于的小组数量：

```
> adjacency = t(grp.membership) %*% grp.membership
```

4）我们也可以使用小组成员矩阵来创建一个小组网络以替代上面的用户网络。这个小组网络中的节点是小组，边代表了不同小组之间公共成员的数量。不过在这个例子中，我们将只考虑用户网络。

5）通过邻接矩阵创建一个连边列表：

```
> users.edgelist <- as.data.frame(summary(adjacency))
> names(users.edgelist)
[1] "i" "j" "x"
```

6）任何两个用户之间的关系是相互对称的。也就是说，如果用户 25 和用户 326 拥有 32 个共同的小组，那么连边列表会重复记录这个信息。我们只需要保留其中的一个。同时，我们的邻接矩阵具有非零的对角线元素，因此连边列表中有与之相对应的边存在。我们可以通过只保留跟邻接矩阵的上三角部分或者下三角部分相对应的边来消除它们：

```
# Extract upper triangle of the edgelist
> users.edgelist.upper <- users.edgelist[users.edgelist$i < users.
edgelist$j,]
```

7）以防万一，保存这个数据：

```
> save(users.edgelist.upper, file = "users_edgelist_upper.Rdata")
```

工作原理

步骤 1 从保存好的 meetup_users.Rdata 数据文件中载入了用户的小组成员关系数据。这会创建一个用户数据框，其中的结构为（user_id, group_id）。基于它，我们希望创建一个网络，其节点为用户，而每一对具有至少一个公共小组的用户之间有一条边。我们希望将公共小组的数目作为边的权重。

步骤 2 将小组成员关系数据框中的信息转换成了一个稀疏矩阵，这个矩阵的行是小组，列是用户。为了更清楚地说明这一点，下面给出了一张表格（见图 7-1）。作为一个例子，它展示了具有四个小组和九个成员的矩阵。第一个小组包含了成员 1、4 和 7，第二个小组包含了成员 1、3、4 和 6，以此类推。我们这里展示了一个完整的矩阵，但是步骤 2 实际创建了一个空间利用效率高得多的稀疏矩阵表示。

	Users								
	1	**2**	**3**	**4**	**5**	**6**	**7**	**8**	**9**
1	1	.	.	1	.	.	1	.	.
2	1	.	1	1	.	1	.	.	.
3	1	1	.	1	.	1	1	.	1
4	.	1	1	.	.	1	.	.	1

（表格左侧标注 Groups）

图　7-1

由于这个稀疏矩阵包含了网络的所有信息，有几个社交网络分析函数处理的数据使用了"邻接矩阵"或者"连边列表"的表达方式。我们希望创建一个 Meetup.com 用户的社交网络。邻接矩阵是一个方阵，其行和列都是用户，并且用户所共同参与的小组数量就是矩阵的元素。对于图 7-1，其邻接矩阵如图 7-2 所示。

	Users								
	1	**2**	**3**	**4**	**5**	**6**	**7**	**8**	**9**
1	3	1	1	3	0	2	2	0	1
2	1	2	1	1	0	2	1	0	2
3	1	1	2	1	0	2	0	0	1
4	3	1	1	3	0	2	2	0	1
5	0	0	0	0	0	0	0	0	0
6	2	2	2	2	0	3	1	0	2
7	2	1	0	2	0	1	2	0	1
8	0	0	0	0	0	0	0	0	0
9	1	2	1	1	0	2	1	0	2

（表格左侧标注 Users）

图　7-2

步骤 3 通过前面的稀疏小组成员关系矩阵创建了一个稀疏邻接矩阵。从图 7-2 中，我们看到用户 1 和用户 4 有三个共同的小组（小组 1、2 和 3），因此这个矩阵中的（1，4）和（4，1）位置的元素是 3 。对角线上的元素表示了相应用户自身所属的小组个数。用户 1 属于 3 个小组，因此（1，1）位置的元素是 3。我们只需要这个矩阵的上三角部分或者下三角部分，于是我们会在后面的步骤中处理这一点。

步骤 4 基于这个稀疏邻接矩阵创建了一个连边列表。连边列表的结构是：（用户编号 1，用户编号 2，两者所共同属于的小组个数）。对于图 7-2 中的例子，其连边列表如图 7-3 所示（图中只显示了 47 个边中的 10 个）。再说一遍，我们只需要矩阵的上三角部分或者下三角部分，我们会在后面的步骤中处理它。

我们得到了一个对称的网络。用户 A 和用户 B 有 n 个共同小组与用户 B 和用户 A 有 n 个共同小组是完全一样的。因此我们不需要在邻接矩阵或者连边列表中同时表示出这两者。同样的，我们也需要一条边来连接用户和他们自身，因此我们不需要稀疏矩阵中的对角线上的元素或者连边矩阵中的 i 和 j 相等的那些边。

i	j	x
1	1	3
2	1	1
3	1	1
4	1	3
6	1	2
7	1	2
9	1	1
1	2	1
2	2	2
3	2	1
...	...	...

图　7-3

步骤 6 删除了多余的边以及连接到自身的边。

步骤 7 将这个稀疏网络保存下来以备后续使用。

我们已经创建了一个稀疏邻接矩阵和一个连边矩阵，它们代表了我们所选择的 Meetup 小组成员的社交网络。我们可以将这些表达形式用于社交网络分析。

参考内容

❏ 7.2 节

7.4　绘制社交网络数据

本方法涵盖了使用 igraph 包中的功能来创建图形对象、绘制图形对象，以及从图形对象中抽取网络信息这三部分的内容。

准备就绪

如果你还没有安装 igraph 这个包，那么现在用下面这条命令来安装它：

```
> install.packages("igraph")
```

同时下载 users_edgelist_upper.Rdata 并保存到你的 R 工作目录中。另外，如果你已经完整地做完了 7.3 节的内容，那么你已经在你的 R 工作目录中创建好了这个文件。

要怎么做

要用 igraph 绘制出社交网络数据，请遵循如下步骤：

1）载入数据。下面这条代码会从已保存的文件中恢复出一个名为 users.edgelist.upper 的数据框：

```
> load("users_edgelist_upper.Rdata")
```

2）这个数据文件应该包含 1953 行数据。绘制出这样一个网络会花费太长的时间——甚至更糟，我们会得到一个过于密集的图像以至于无法获取任何有意义的信息。为了方便起见，我们会通过筛选我们的连边列表来创建一个小得多的网络。我们将只考虑具有超过 16 个共同小组成员关系的用户，这会得出一个示范用的小得多的网络：

```
> edgelist.filtered <-
          users.edgelist.upper[users.edgelist.upper$x > 16, ]

> edgelist.filtered  # Your results could differ

                        i          j  x
34364988          2073657    3823125 17
41804209          2073657    4379102 18
53937250          2073657    5590181 17
62598651          3823125    6629901 18
190318039         5286367   13657677 17
190321739         8417076   13657677 17
205800861         5054895   14423171 18
252063744         5054895   33434002 18
252064197         5590181   33434002 17
252064967         6629901   33434002 18
252071701        10973799   33434002 17
252076384        13657677   33434002 17
254937514         5227777   34617262 17
282621070         5590181   46801552 19
282621870         6629901   46801552 18
282639752        33434002   46801552 20
307874358        33434002   56882992 17
335204492        33434002   69087262 17
486425803        33434002  147010712 17

> nrow(edgelist.filtered)

[1] 19
```

3）为这些用户重新编号。由于筛选的力度很大，我们这里只剩下了 18 个用户，但他们仍然保留了他们的原始编号。重新为他们从 1 到 18 进行编号会让我们后续的操作变得更加方便。这一步并不是必需的，但会使这个社交网络看起来更加整洁：

```
> uids <- unique(c(edgelist.filtered$i, edgelist.filtered$j))
> i <- match(edgelist.filtered$i, uids)
> j <- match(edgelist.filtered$j, uids)
> nw.new <- data.frame(i, j, x = edgelist.filtered$x)
```

4）创建一个 graph 对象并绘制出这个网络：

```
> library(igraph)
> g <- graph.data.frame(nw.new, directed=FALSE)
> g
IGRAPH UN-- 18 19 --
+ attr: name (v/c), x (e/n)
> # Save the graph for use in later recipes:
> save(g, file = "undirected-graph.Rdata")
> plot.igraph(g, vertex.size = 20)
```

你的输出可能会在布局上看起来不大一样（如图 7-4 所示），但是如果仔细地查看这张图，你会发现其中的节点和边都是完全一样的。

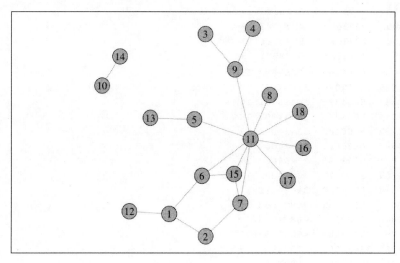

图　7-4

5）使用另一种布局来绘制这个 graph 对象：

```
> plot.igraph(g,layout=layout.circle, vertex.size = 20)
```

前述命令的输出结果如图 7-5 所示。

6）用不同的颜色绘制出顶点和边：

```
> plot.igraph(g,edge.curved=TRUE,vertex.color="pink",
edge.color="black")
```

再说一遍，你所绘制出来的图像可能有着不一样的布局，但就网络属性来说，应该与图 7-6 完全一致。

7）在绘制的时候，让节点的大小与节点的度数成正比：

```
> V(g)$size=degree(g) * 4
> plot.igraph(g,edge.curved=TRUE,vertex.color="pink",
edge.color="black")
```

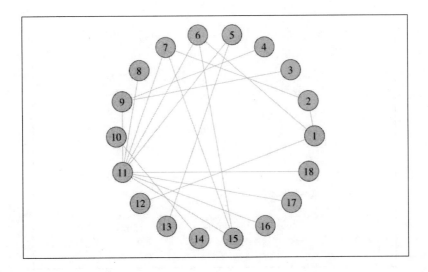

图　7-5

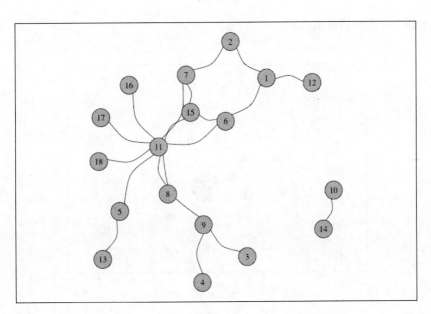

图　7-6

这个输出应该类似于图 7-7。

8）基于度数确定节点的大小和颜色：

```
> color <- ifelse(degree(g) > 5,"red","blue")
> size <- degree(g)*4
> plot.igraph(g,vertex.label=NA,layout= layout.fruchterman.
reingold,vertex.color=color,vertex.size=size)
```

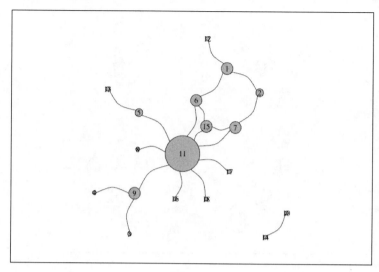

图 7-7

得到如图 7-8 所示的输出。

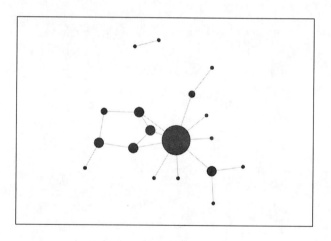

图 7-8

9）绘制时让边的粗细正比于边的权重：

```
> E(g)$x

 [1] 17 18 17 18 17 17 18 18 17 18 17 17 17 19 18 20 17 17 17

> plot.igraph(g,edge.curved=TRUE,edge.color="black", edge.
width=E(g)$x/5)
```

输出应该与图 7-9 类似。

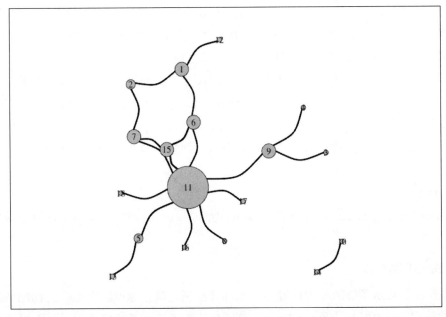

图 7-9

工作原理

步骤 1 以连边列表的形式载入了所保存的网络数据。

当拥有如此多的数据时，我们会发现一幅图像并不能有效地辅助我们分析，因为它太拥挤了。因此，出于示范的目的，我们重新定义了仅当两个用户具有超过 16 个共同小组的时候，他们之间才存在关系。

步骤 2 按照前面的标准对连边矩阵做了筛选，只保留了满足要求的那些边。

尽管我们已经对数据做了筛选，这些用户仍然保留了他们的原始编号，这是一些很大的数字。重新为他们从 1 开始编号会是不错的主意。

步骤 3 重新为用户编号。

步骤 4 使用了 igraph 包中的 graph.data.frame 函数来创建一个图形对象。这个函数将数据框 nw.new 中的前两列作为连边列表，剩余的列作为边的属性。

我们通过指定 directed = FALSE 创建了一个无向图。指定 directed = TRUE(或者完全忽略这个参数，因为其默认值是 TRUE）会创建一个有向图。

这里 g 是一张有向有名图，用 UN 来表示。如果一张图的节点带有 name 属性，则会被当作有名图处理。第三个字母意味着这张图是加权的（W），第四个字母（B）代表其是否是一个两偶图。第二行 + attr: name (v/c)，x (e/n) 给出了这些属性的细节。属性 name 代表了顶点，而属性 x 代表了边。

这一步然后使用了 igraph 包中的 plot.igraph 来绘制出图像。

我们指定了参数 vertex.size 来确保节点处的圆圈足够大以便包含节点的数字。

步骤 5 绘制出了完全一样的图，只不过使这些节点落在了一个圆周上。

步骤 6 展示了一些从名字上就可以自我解释的选项。

在步骤 7 中，我们设置了节点（或顶点）的尺寸。我们用 V(g) 来访问图形对象上的每一个顶点，并使用操作符 $ 来抽取其属性，例如，V(g)$size。类似地，我们可以用 E(g) 来访问这些边。

步骤 8 基于一个节点的度来为节点颜色和尺寸赋值。这里也展示了如何使用 layout 选项。

更多细节

我们可以对通过 igraph 包中的 graph.data.frame 函数创建的图形对象做出更多的操作。

1. 指定绘图偏好设置

我们目前只展示了绘图外观设置的一小部分控制选项。你可以有更多的选项来控制边和节点的外观，以及其他方面。plot.igraph 的文档提到了这些选项。当需要使用它们时，记得在节点选项前面加上前缀（vertex.），边选项前面加上前缀（edge.）。

2. 绘制有向图

在主方法的步骤 4 中，我们创建了一张无向图。这里我们会创建一个有向图对象 dg：

```
> dg <- graph.data.frame(nw.new)
> # save for later use
> save(dg, file = "directed-graph.Rdata")
> plot.igraph(dg,edge.curved=TRUE,edge.color="black", edge.
width=E(dg)$x/10,vertex.label.cex=.6)
```

绘制前述图像，我们会得到如图 7-10 所示的输出。

3. 创建带权的图形对象

如果被传递给 graph.data.frame 的连边列表的第三列的名字是 weight，那么它会创建一个带有权重的图像。这里我们将第三列的列名从 x 改为 weight，然后重新画图：

```
> nw.weights <- nw.new
> names(nw.weights) <- c("i","j","weight")
> g.weights <- graph.data.frame(nw.weights, directed=FALSE)
> g.weights
IGRAPH UNW- 18 19 --
+ attr: name (v/c), weight (e/n)
```

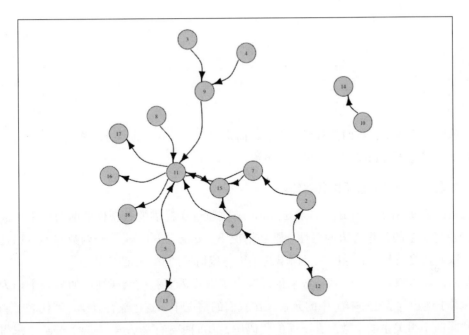

图 7-10

当我们检查这个图形对象的属性时，我们可以看到在其属性 UNW- 中看到 W 处在第三个位置上。

4. 从图形对象中将网络以邻接矩阵的形式抽取出来

我们之前从稀疏邻接矩阵中创建了一个连边矩阵。现在我们展示如何从在主方法第四步的图形对象中得到对应的稀疏邻接矩阵。下面我们用 type="upper" 来得到上三角矩阵。其他允许的选项是 lower 和 both。

```
> get.adjacency(g,type="upper")

18 x 18 sparse Matrix of class "dgCMatrix"
   [[ suppressing 18 column names '1', '2', '3' ... ]]

1  . 1 . . . 1 . . . . 1 . . . . . . .
2  . . . . . . 1 . . . . . . . . . . .
3  . . . . . . . . 1 . . . . . . . . .
4  . . . . . . . . 1 . . . . . . . . .
5  . . . . . . 1 . 1 . . . . . . . . .
6  . . . . . . 1 . . 1 . . . . . . . .
7  . . . . . . 1 . . 1 . . . . . . . .
8  . . . . . . . 1 . . . . . . . . . .
9  . . . . . . . 1 . . . . . . . . . .
10 . . . . . . . . . . 1 . . . . . . .
11 . . . . . . . . . . . 1 1 1 1 . . .
```

```
12  .  .  .  .  .  .  .  .  .  .  .  .  .  .  .  .  .
13  .  .  .  .  .  .  .  .  .  .  .  .  .  .  .  .  .
14  .  .  .  .  .  .  .  .  .  .  .  .  .  .  .  .  .
15  .  .  .  .  .  .  .  .  .  .  .  .  .  .  .  .  .
16  .  .  .  .  .  .  .  .  .  .  .  .  .  .  .  .  .
17  .  .  .  .  .  .  .  .  .  .  .  .  .  .  .  .  .
18  .  .  .  .  .  .  .  .  .  .  .  .  .  .  .  .  .
```

在前面的代码中，我们没有得到权重，而是得到一个 0-1 的稀疏矩阵。

如果我们想要得到权重，可以使用下面的手段。

5. 抽取出一个带有权重的邻接矩阵

igraph 包中的 graph.data.frame 函数通过所提供的数据框的前两列来生成连边列表，并将剩余的列作为边的属性。默认情况下，get.adjacency 函数并不返回任何边属性，取而代之的是，它返回一个简单的关于连接情况的 0-1 稀疏矩阵。

然而，你可以传递 attr 参数来告诉这个函数你需要将剩余属性中的哪一个作为稀疏矩阵（对于连边列表也一样）中的元素。在我们的情况中，这个属性是 x，其代表了两个用户所共同的小组关系的个数。在下面的代码中，我们指定了 type = "lower" 来得到下三角矩阵。其余选项有 upper 和 both。

```
> get.adjacency(g, type = "lower", attr = "x")

18 x 18 sparse Matrix of class "dgCMatrix"
   [[ suppressing 18 column names '1', '2', '3' ... ]]

1   .  .  .  .  .  .  .  .  .  .  .  .  .  .  .  .  .
2  17  .  .  .  .  .  .  .  .  .  .  .  .  .  .  .  .
3   .  .  .  .  .  .  .  .  .  .  .  .  .  .  .  .  .
4   .  .  .  .  .  .  .  .  .  .  .  .  .  .  .  .  .
5   .  .  .  .  .  .  .  .  .  .  .  .  .  .  .  .  .
6  17  .  .  .  .  .  .  .  .  .  .  .  .  .  .  .  .
7   . 18  .  .  .  .  .  .  .  .  .  .  .  .  .  .  .
8   .  .  .  .  .  .  .  .  .  .  .  .  .  .  .  .  .
9   .  . 17 17  .  .  .  .  .  .  .  .  .  .  .  .  .
10  .  .  .  .  .  .  .  .  .  .  .  .  .  .  .  .  .
11  .  .  . 18 17 18 17 17  .  .  .  .  .  .  .  .  .
12 18  .  .  .  .  .  .  .  .  .  .  .  .  .  .  .  .
13  .  .  .  . 18  .  .  .  .  .  .  .  .  .  .  .  .
14  .  .  .  .  .  .  . 17  .  .  .  .  .  .  .  .  .
15  .  .  . 19 18  .  .  . 20  .  .  .  .  .  .  .  .
16  .  .  .  .  .  .  . 17  .  .  .  .  .  .  .  .  .
17  .  .  .  .  .  .  . 17  .  .  .  .  .  .  .  .  .
18  .  .  .  .  .  .  . 17  .  .  .  .  .  .  .  .  .
```

6. 从图形对象中抽取出连边列表

你可以在一个 `igraph` 对象上使用 `get.data.frame` 函数来得到连边列表：

```
> y <- get.data.frame(g)
```

下面这条命令只得到顶点：

```
> y <- get.data.frame(g,"vertices")
```

7. 创建两偶网图

假设我们有一些小组和一些用户，每一个用户属于几个小组，同时每一个小组拥有几个用户。

我们可以用一张两偶图来表示这些信息。各个小组组成了两偶图中的一个集合，用户组成了另一个集合，一个集合中的成员与另一个集合中的成员用边来连接。你可以使用 `igraph` 包中的 `graph.incidence` 函数来创建这种网络的可视化效果：

```
> set.seed(2015)
> g1 <- rbinom(10,1,.5)
> g2 <- rbinom(10,1,.5)
> g3 <- rbinom(10,1,.5)
> g4 <- rbinom(10,1,.5)
> membership <- data.frame(g1, g2, g3, g4)
> names(membership)

[1] "g1" "g2" "g3" "g4"

> rownames(membership) = c("u1", "u2", "u3", "u4", "u5", "u6", "u7",
"u8", "u9", "u10")

> rownames(membership)

 [1] "u1"  "u2"  "u3"  "u4"  "u5"  "u6"  "u7"  "u8"
 [9] "u9"  "u10"

> # Create the bipartite graph through the
> # graph.incidence function
> bg <- graph.incidence(membership)
> bg

IGRAPH UN-B 14 17 --
+ attr: type (v/l), name (v/c)

> # The B above tells us that this is a bipartite graph
> # Explore bg
```

```
> V(bg)$type

[1] FALSE FALSE FALSE FALSE FALSE FALSE FALSE FALSE
 [9] FALSE FALSE  TRUE  TRUE  TRUE  TRUE

> # FALSE represents the users and TRUE represents the groups
> # See node names
> V(bg)$name

[1] "u1"  "u2"  "u3"  "u4"  "u5"  "u6"  "u7"  "u8"
[9] "u9"  "u10" "g1"  "g2"  "g3"  "g4"

> # create a layout
> lay <- layout.bipartite(bg)
> # plot it
> plot(bg, layout=lay, vertex.size = 20)
> # save for later use
> save(bg, file = "bipartite-graph.Rdata")
```

我们随机创建了一个包含四个小组和十个用户的网络，其图像如图 7-11 所示。

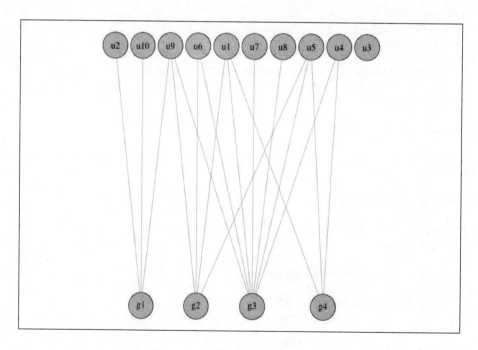

图　7-11

8. 生成两偶网络的投影

我们经常需要从一个两偶网络中抽取一种或两种类型节点的邻接信息。在前面的例子中，我们也许想知道两个用户是相互孤立的还是通过他们的共同小组关系连接在一起的，并且我们想要创建仅针对用户的图像。类似地，我们也可通过两个小组是否具有至少一个共同成员来得出这两个小组是否相连的信息。可以使用 `bipartite.projection` 函数来完成这一任务：

```
> # Generate the two projections
> p <- bipartite.projection(bg)
> p

$proj1
IGRAPH UNW- 10 24 --
+ attr: name (v/c), weight (e/n)

$proj2
IGRAPH UNW- 4 5 --
+ attr: name (v/c), weight (e/n)

> plot(p$proj1, vertex.size = 20)
> plot(p$proj2, vertex.size = 20)
```

第一个投影的图像如图 7-12 所示，下一个生成的投影如图 7-13 所示。

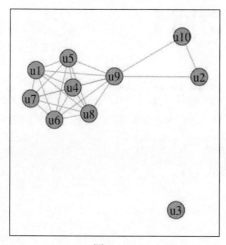

图 7-12

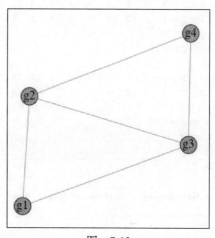

图 7-13

参考内容

❑ 7.3 节

7.5   计算重要的网络度量指标

本方法涵盖了如何计算社交网络上一些常用度量指标的方法。

准备就绪

如果你还没有安装 igraph 这个包，现在去安装它。如果你已经完成了本章前面部分的几个方法，你的 R 工作目录中应该有 directed-graph.Rdata、undirected-graph.Rdata 和 bipartite-graph.Rdata 这几个文件。如果没有，下载这些数据文件并将它们放置在你 的 R 工作目录中。

要怎么做

要计算重要的用于度量网络的指标，请遵循如下步骤：

1）载入数据文件：

```
> load("undirected-graph.Rdata")
> load("directed-graph.Rdata")
> load("bipartite-graph.Rdata")
```

2）degree 中心性可用下面的方式来确定：

```
> degree(dg)

 1  2  3  4  5  6  7  8  9 10 11 12 13 14 15 16 17 18
 3  2  1  1  2  3  3  1  3  1  9  1  1  1  3  1  1  1

> degree(g)

 1  2  3  4  5  6  7  8  9 10 11 12 13 14 15 16 17 18
 3  2  1  1  2  3  3  1  3  1  9  1  1  1  3  1  1  1

> degree(dg, "7")

7
3

> degree(dg, 9, mode = "in")

9
2

> degree(dg, 9, mode = "out")

9
1

> # Proportion of vertices with degree 0, 1, 2, etc.
> options(digits=3)
> degree.distribution(bg)
```

```
[1] 0.0714 0.2857 0.1429 0.3571
[5] 0.0714 0.0000 0.0000 0.0714
```

3）betweenness 中心性可用下面的方式来确定：

```
> betweenness(dg)

 1  2  3  4  5  6  7  8  9 10 11 12 13 14 15 16 17 18
 0  1  0  0  0  5  5  0 10  0 32  0  0  0  0  0  0  0
```

```
> betweenness(g)

   1    2    3    4    5    6    7    8    9   10   11   12
15.0  2.0  0.0  0.0 14.0 22.0 11.0  0.0 27.0  0.0 86.5  0.0
  13   14   15   16   17   18
 0.0  0.0  0.5  0.0  0.0  0.0
```

```
> betweenness(dg, 5)

5
0
```

```
> edge.betweenness(dg)

 [1]  2  1  6  7  6  6  1  5  8  8  5 15  1  2  2  6 10 10
10
```

```
> edge.betweenness(dg,10)

[1] 8
```

4）closeness 中心性可用下面的方式来确定：

```
> options(digits=3)
> closeness(dg,mode="in")

      1       2       3       4       5       6
0.00327 0.00346 0.00327 0.00327 0.00327 0.00346
      7       8       9      10      11      12
0.00366 0.00327 0.00368 0.00327 0.00637 0.00346
     13      14      15      16      17      18
0.00346 0.00346 0.00690 0.00671 0.00671 0.00671
```

```
> closeness(dg,mode="out")

      1       2       3       4       5       6
0.00617 0.00472 0.00469 0.00469 0.00481 0.00446
      7       8       9      10      11      12
```

```
0.00446 0.00444 0.00444 0.00346 0.00420 0.00327
      13      14      15      16      17      18
0.00327 0.00327 0.00327 0.00327 0.00327 0.00327

> closeness(dg,mode="all")

       1       2       3       4       5       6
0.01333 0.01316 0.01220 0.01220 0.01429 0.01515
       7       8       9      10      11      12
0.01493 0.01389 0.01471 0.00346 0.01724 0.01124
      13      14      15      16      17      18
0.01190 0.00346 0.01493 0.01389 0.01389 0.01389

> closeness(dg)

       1       2       3       4       5       6
0.00617 0.00472 0.00469 0.00469 0.00481 0.00446
       7       8       9      10      11      12
0.00446 0.00444 0.00444 0.00346 0.00420 0.00327
      13      14      15      16      17      18
0.00327 0.00327 0.00327 0.00327 0.00327 0.00327
```

工作原理

步骤1计算了多个用于处理图像中的顶点的度的度量指标。度衡量了某个顶点所连接的边的个数。度的分布提供了所有度的频率信息。对于一个无向图，度始终等于总的邻边条数。然而，对于一个有向图，度的大小依赖于所传递的模参数。模可以是 out、in、all 或者 total。all 和 total 都会返回所有节点的总度数。你应该能够从前面提供的图中验证这些数字。

中心性确定了单独的节点如何适配一个网络。高中心性节点代表了其具有很高的影响力：可以是正面或负面的。有各种类型的中心性度量指标，我们在此讨论了其中比较重要的一些指标。

步骤2计算了中介度，这个指标量化表示了一个节点落入其他两个节点之间的最短路径的次数。中介度高的节点位于两个不同簇的中间。要从一个簇的任何一个节点穿越到另一个簇的任何一个节点，通常需要经过这个特定的节点。

边中介度计算了通过一条特定边的最短路径的个数。如果一张图包含了 weight 属性，那么它会被默认使用。在我们的例子中，有一个属性 x。如果你将它重新命名为 weight，你会得到不同的结果。

步骤3计算了紧密度，这个指标量化了一个节点跟其他一些节点的紧密程度。它是从一个节点到其他所有节点的总距离的度量。一个紧密度高的节点可以轻松连接到很多其他节点。在一张有向图中，如果没有指定 mode，那么其默认值是 out。在一张无向图中，

mode 起不到任何作用，因此它会被忽略。

 提
示　紧密度衡量了一个节点能连接到其他节点的程度，中介度衡量了一个节点作为中
介的程度。

更多细节

我们在此展示了一些额外的可用来处理图形对象的选项。

1. 创建边序列

你可以在 7.4 节中的有向图上看到这些边，也就是连接。

你可以用 E(1) … E(19) 来定位这些边：

```
> E(dg)
Edge sequence:

[1]   1  -> 2
[2]   1  -> 12
[3]   1  -> 6
[4]   2  -> 7
[5]   3  -> 9
[6]   4  -> 9
[7]   5  -> 13
[8]   5  -> 11
[9]   6  -> 11
[10]  7  -> 11
[11]  8  -> 11
[12]  9  -> 11
[13]  10 -> 14
[14]  6  -> 15
[15]  7  -> 15
[16]  11 -> 15
[17]  11 -> 16
[18]  11 -> 17
[19]  11 -> 18
```

2. 获取直接和间接邻居

neighbors 函数会列出一个给定节点的邻居（排除自身）：

```
> neighbors(g, 1)
[1]  2  6 12
> neighbors(bg, "u1")
[1] 12 13 14
> # for a bipartite graph, refer to nodes by node name and
> # get results also as node names
> V(bg)$name[neighbors(bg,"g1")]
[1] "u2"  "u9"  "u10"
```

neighborhood 函数得到了关于一个给定节点或一组给定节点的邻居的列表。这个节点自身始终包含在列表中，因为它到自身的距离时 0：

```
> #immediate neighbors of node 1
> neighborhood(dg, 1, 1)
[[1]]
[1]  1  2  6 12

> neighborhood(dg, 2, 1)
[[1]]
 [1]  1  2  6 12  7 11 15
```

3. 添加顶点或节点

我们可以为一个已有的图形对象添加节点：

```
> #Add a new vertex
> g.new <- g + vertex(19)
> # Add 2 new vertices
> g.new <- g + vertices(19, 20)
```

4. 添加边

如果我们需要为节点 15 和节点 20 添加一个新的关系，我们可以这样做：

```
> g.new <- g.new + edge(15, 20)
```

5. 删除图像中的孤立点

孤立点没有连接或边，因此它们的度为 0。我们可以用下面的命令挑选出度为 0 的顶点并用 delete.vertices 函数删除它们：

```
> g.new <- delete.vertices(g.new, V(g.new)[ degree(g.new)==0 ])
```

我们也可以使用 delete.vertices 来删除特定的顶点。这个函数创建了一幅新的图像。如果此图中没有顶点，则你会看到一条错误消息：Invalid vertex names。绘制出这幅图像来检查孤立顶点是否被成功删除：

```
> g.new <- delete.vertices(g.new,12)
```

删除操作会给顶点 ID 重新赋值，有些情况下甚至会导致有些边也被删除了。因此如果你使用了顶点的 ID 而不是顶点的名字，那么请注意这些 ID 可能会改变。

6. 创建子图

你可以用下列代码选择你所感兴趣的顶点来创建新的图像：

```
> g.sub <- induced.subgraph(g, c(5, 10, 13, 14, 17, 11, 7))
```

你也可以用下列代码选择你所感兴趣的边来创建新的图像：

```
> E(dg)

Edge sequence:

[1]    1   -> 2
[2]    1   -> 12
[3]    1   -> 6
[4]    2   -> 7
[5]    3   -> 9
[6]    4   -> 9
[7]    5   -> 13
[8]    5   -> 11
[9]    6   -> 11
[10]   7   -> 11
[11]   8   -> 11
[12]   9   -> 11
[13]   10  -> 14
[14]   6   -> 15
[15]   7   -> 15
[16]   11  -> 15
[17]   11  -> 16
[18]   11  -> 17
[19]   11  -> 18

> eids <- c(1:2, 9:15)
> dg.sub <- subgraph.edges(dg, eids)
```

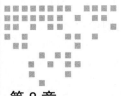

Chapter 8 第 8 章

展现你最好的一面——制作文档
和呈现分析报告

8.1 引言

除了帮助我们分析数据，R 也有一些库可以帮你制作专业的幻灯片。可以完成下面这些任务：

❑ 创建一个专业的网页来陈列你的分析，并使他人可以积极地用报告背后的数据做实验。

❑ 为你的分析创建 PDF 报告；你的报告可以嵌入能被系统执行的 R 命令并添加动态数据和图表，这样当数据变动时，你可以简单地单击一个按钮来重新生成报告。

❑ 为你的分析创建 PDF 幻灯片。

本章为你提供完成所有这些技能的方法。

8.2 用 R Markdown 和 knitR 创建数据分析报告

R Markdown 提供了一种简单的语法用以生成分析报告。在此基础上，knitr 包可以生成 HTML、PDF、Microsoft Word 格式的报告，以及几种幻灯片格式的报告。R Markdown 文档包括普通文字、嵌入的 R 代码框，以及行内代码。knitr 包会解析 markdown 文档并在普通文字中的指定位置插入 R 代码的执行结果来生成格式良好的报告。

R Markdown 扩展了普通的 markdown 格式来使我们能嵌入 R 代码。

我们可以用 RStudio 或者直接在 R 中用 markdown 包来创建 R Markdown 文档。在本方法中，我们描述了如何用 RStudio 来完成这一过程。

准备就绪

如果你还没有下载本章相关的数据文件，现在去下载并将 `auto-mpg.csv` 和 `knitr.Rmd` 这两个文件保存到已知位置（并不需要是你的 R 工作目录）。

安装最新版本的 `knitr` 和 `rmarkdown` 包：

```
> install.packages("knitr")
> install.packages("rmarkdown")
```

要怎么做

要使用 `rmarkdown` 和 `knitr` 包来生成报告，请遵循如下步骤：

1）打开 RStudio。

2）按如下步骤新建一个 R Markdown 文档：

　　a）依次选择菜单选项中的 File → New File → R Markdown.

　　b）输入标题 "Introduction"，将其余部分保持默认值，然后单击 OK 按钮。

这会创建一个 R Markdown 文档模板，我们可以编辑它来满足我们自己的需求。这个文档模板类似图 8-1 所示。

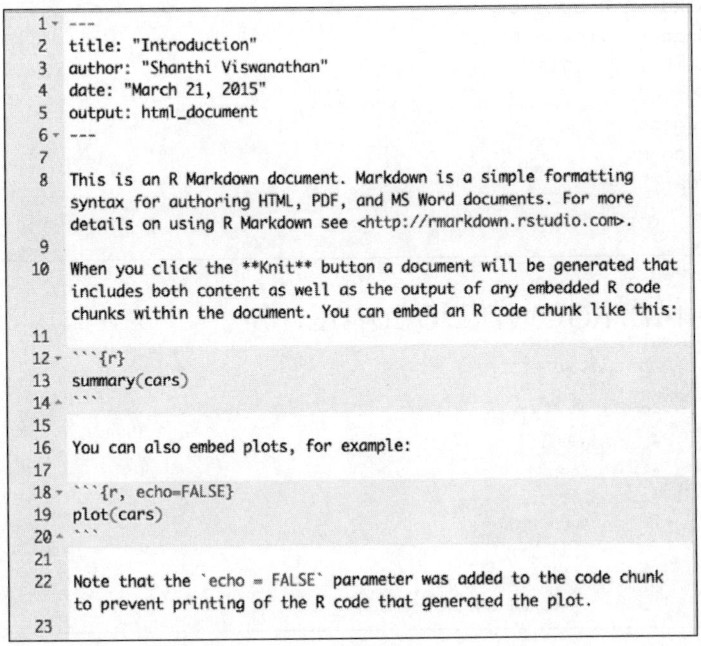

```
1 ---
2  title: "Introduction"
3  author: "Shanthi Viswanathan"
4  date: "March 21, 2015"
5  output: html_document
6 ---
7
8  This is an R Markdown document. Markdown is a simple formatting
   syntax for authoring HTML, PDF, and MS Word documents. For more
   details on using R Markdown see <http://rmarkdown.rstudio.com>.
9
10 When you click the **Knit** button a document will be generated that
   includes both content as well as the output of any embedded R code
   chunks within the document. You can embed an R code chunk like this:
11
12 ```{r}
13 summary(cars)
14 ```
15
16 You can also embed plots, for example:
17
18 ```{r, echo=FALSE}
19 plot(cars)
20 ```
21
22 Note that the `echo = FALSE` parameter was added to the code chunk
   to prevent printing of the R code that generated the plot.
23
```

图 8-1

3）快速查看这个文档。你无须理解其中的每一部分的细节。在这一步中，我们只是希望有一个总体的印象。

4）基于这个 markdown 文件创建一个 HTML 文档。根据编辑区的宽度，你可能只会看到 knitr 图标（一个蓝色的毛线球，上面插着一根织针）和一个向下的箭头，或者你会看到 knitr 图标和它旁边的文字 Knit HTML。如果你只看到了图标，那么单击向下箭头并选择 Knit HTML。如果你看到了图标边上的文字，则只需要直接单击 Knit HTML 来生成 HTML 文档。RStudio 会在一个单独的窗口中或者在右上方的面板中渲染这份报告。你所用来生成 HTML 的菜单中含有渲染区域的选项——可以选择 View in pane 或者 View in window。

5）使用同一个文件，你也可以通过菜单中的恰当选项来生成 PDF 或 Word 文档。要生成 Word 文档，你需要在系统中安装好 Microsoft Word，要生成一个 PDF 文档，你需要在系统中安装好 Latex PDF 生成器 pdflatex。注意在源数据中，输出项会随着你在菜单中选择的不同而改变。

6）现在你对这个过程有了一定的了解。通过菜单选项中的 File → Open file 来打开 knitr.Rmd 文件，在进一步处理之前，编辑文件的第 40 行，将 root.dir 位置改为你存放本章文件的位置。为了便于讨论，我们会逐步增加输出。

7）元数据区域在两条线之间，每条线为三个连接号，如下所示（效果如图 8-2 所示）：

```
---
title: "Markdown Document"
author: "Shanthi Viswanathan"
date: "December 8, 2014"
output:
  html_document:
    theme: cosmo
    toc: yes
---
```

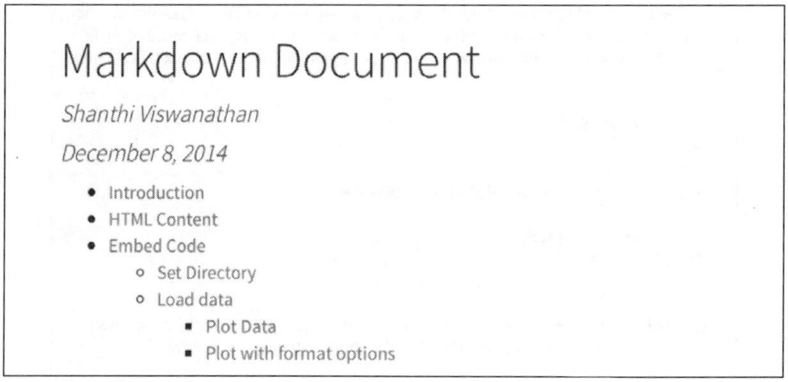

图　8-2

8）R Markdown 文件的介绍部分如下：

```
* * *
# Introduction
This is an *R Markdown document*. Markdown is a simple formatting
syntax for authoring HTML, PDF, and MS Word documents. For more
details on using R Markdown see <http://rmarkdown.rstudio.com>.

When you click the **Knit** button a document will be generated
that includes both content as well as the output of any embedded R
code chunks within the document.
```

这一部分也可以从图 8-3 中看到。

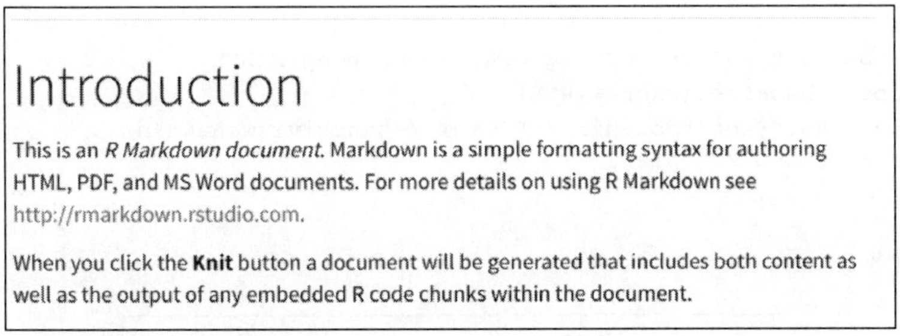

图　8-3

9）文件的 HTML 内容如下：

```
#HTML Content
<p> This is a new paragraph written with the HTML tag
<table border=1>
<th> Pros </th>
<th> Cons </td>
<tr>
<td>Easy to use</td>
<td>Need to Plan ahead </td>
<tr>
</table>
<hr/>
```

在文件中，它的显示如图 8-4 所示。

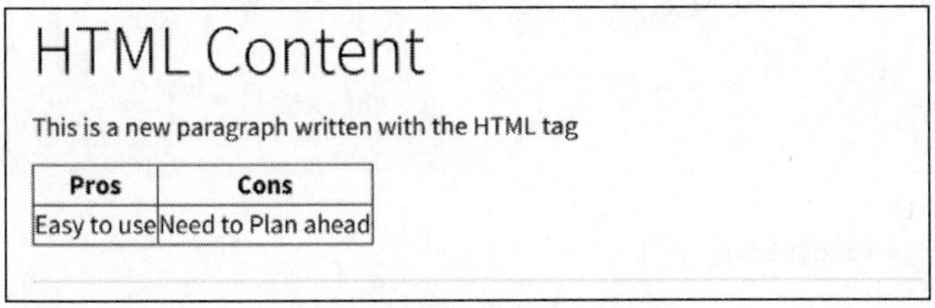
HTML Content

This is a new paragraph written with the HTML tag

Pros	Cons
Easy to use	Need to Plan ahead

图　8-4

10）嵌入 R 代码。将下面 root.dir 路径修改为你存放 auto-mpg.csv 和 knitr. Rmd 文件的文件夹：

```
# Embed Code
## Set Directory
You can embed any R code chunk within 3 ticks. If you add
echo=FALSE the code chunk is not displayed in the document. We can
set knitr options either globally or within a code segment. The
options set globally are used throughout the document.

We set the root.dir before loading any files. By enabling
cache=TRUE, a code chunk is executed only when there is a change
from the prior execution. This enhances knitr performance.

```{r setup, echo=FALSE, message=FALSE, warning=FALSE}
knitr::opts_chunk$set(cache=TRUE)
knitr::opts_knit$set(root.dir = "/Users/shanthiviswanathan/
projects/RCookbook/chapter8/")
```
```

截图如图 8-5 所示。

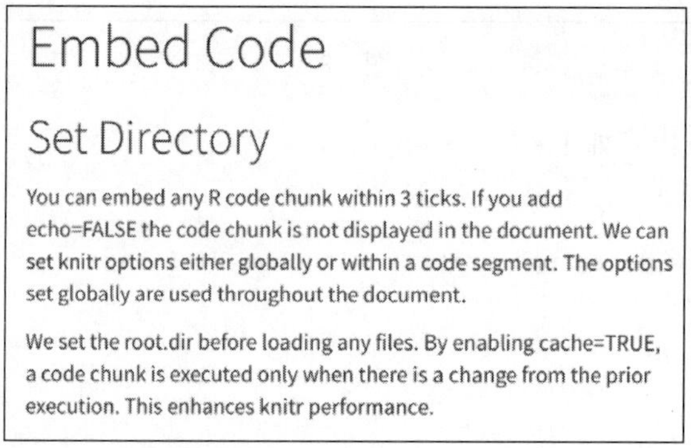

Embed Code

Set Directory

You can embed any R code chunk within 3 ticks. If you add
echo=FALSE the code chunk is not displayed in the document. We can
set knitr options either globally or within a code segment. The options
set globally are used throughout the document.

We set the root.dir before loading any files. By enabling cache=TRUE,
a code chunk is executed only when there is a change from the prior
execution. This enhances knitr performance.

图　8-5

11）载入数据：

```
##Load Data
```{r loadData, echo=FALSE}
auto <- read.csv("auto-mpg.csv")
```
```

12）绘制数据：

```
```{r plotData }
plot(auto$mpg~auto$weight)
```
```

前述命令的输出如图 8-6 所示。

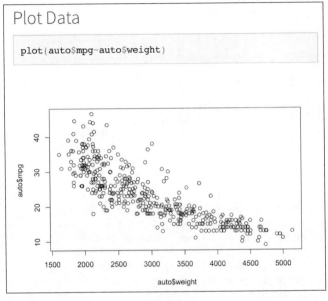

图 8-6

13）带有格式选项的图像绘制：

```{r plotFormatData, echo=FALSE, fig.height=4, fig.width=8}
plot(auto$mpg~auto$weight)
str(auto)
```

绘制出的输出截图如图 8-7 所示。

14）将代码嵌入到句子中间：

There are `r nrow(auto)` cars in the auto data set.

图 8-8 是前述命令的输出。

工作原理

步骤 1 打开了 RStudio。

步骤 2 新建了一个 R Markdown 文档。一个新文档包含一个默认的落在两条线之间的元数据区。每条线由三个短横组成。这个元数据区包括了标题和输出部分，同时可以选择指定作者和日期。

步骤 4 展示了如何生成 HTML 文件。当在 RStudio 中运行时，你可以通过选择合适的菜单选项来指定输出格式。然而，我们也可以在标准的 R 环境中用 knitr 来运行它。这时 markdown 文件中指定的输出行会决定输出文档的格式。

步骤 5 展示了如何基于 markdown 文档生成 PDF 或者 Word 文档。

Plot with format options

```
## 'data.frame':    398 obs. of  9 variables:
##  $ No          : int  1 2 3 4 5 6 7 8 9 10 ...
##  $ mpg         : num  28 19 36 28 21 23 15.5 32.9
16 13 ...
##  $ cylinders   : int  4 3 4 4 6 4 8 4 6 8 ...
##  $ displacement: num  140 70 107 97 199 115 304 1
19 250 318 ...
##  $ horsepower  : int  90 97 75 92 90 95 120 100 1
05 150 ...
##  $ weight      : int  2264 2330 2205 2288 2648 26
94 3962 2615 3897 3755 ...
##  $ acceleration: num  15.5 13.5 14.5 17 15 15 13.
9 14.8 18.5 14 ...
##  $ model_year  : int  71 72 82 72 70 75 76 81 75
76 ...
##  $ car_name    : Factor w/ 305 levels "amc ambass
ador brougham",..: 66 184 165 86 8 18 11 79 42 112 .
..
```

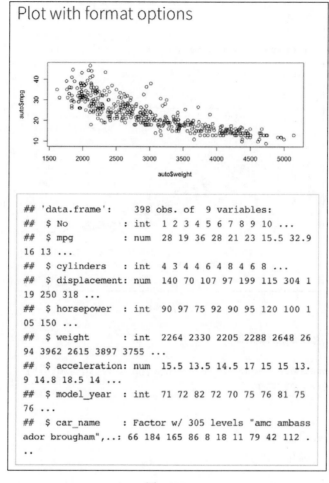

图 8-7

There are 398 cars in the auto data set.

图 8-8

步骤 6 打开了一个预先创建好的文档用以说明 knitr 的一些重要功能。我们在此分块解释了代码的作用。

步骤 7 包含了文档的元数据：

- 有三种输出类型可选：Word、PDF 和 HTML。
- 首先，三个连接号意味着元数据区域的开始。
- `toc:TRUE` 将用文档中存在的标题章节名来生成目录。这会在下一节中解释。
- 最后，三个连接号标志着元数据区域的结束。

步骤 8 中包含了我们的文档范例中的介绍部分:

❑ 一行中的三个星号会输出一条水平线。

❑ 用一个 # 开始的行指定了一级标题。如果元数据中设置了 toc:TRUE,则它会被添加到目录中。用两个 # 开始的行指定了二级标题。

❑ 将文字两边各用一个星号包围会得到斜体输出,将文字两边各用两个星号包围会得到加粗的字体。

❑ 以 <http 开始,以 > 结束的文字会显示为 URL。

❑ 查看"更多细节"来获取最常用的一些语法。

步骤 9 包含了我们的文档范例中的 HTML 内容:

❑ 普通 HTML 代码可以被嵌入到 R Markdown 文件之中。只有当输出格式被改写成 HTML 之后,knitr 才会正确显示 HTML;你在开始 HTML 代码前必须留空一行。

❑ 在这一部分中,我们用 HTML 表格语法来生成一张表。

步骤 10 展示了如何在 markdown 文档中嵌入 R 代码:

❑ 三个反引号 (```) 会标记 R 代码块的开始。这些代码块用同样的三个反引号来标记代码的结束。R 代码块从小写的 r 开始,后接一个可选的名字(我们可以为每一块代码选择一个独一无二的名字)。

❑ 我们推荐你不要将用来设置 knitr 的代码和普通的 R 代码混合在一个块中。将它们分隔开,放在不同的块中。在这一步中,我们设置了 cache=TRUE 并设定了 knitr 的家目录。在此设置的 knitr 选项会应用与整个文档。因此,对于此设置之后的每一个 R 代码块,cache 选项都已经开启。

❑ 我们对当前代码块设置了显示选项。若 echo=FALSE,则代码块不会在文档中显示出来。类似地,message=FALSE 和 warning=FALSE 会在文档中阻断任何 R 消息和警告。

步骤 11 从文件中载入了数据:

❑ 我们展示了一个名为 loadData 的代码块用于读取一个 .csv 文件到一个变量中。这个代码块不会在文档中显示出来,因为我们选择了 echo=FALSE。

❑ 此文件的位置来自于我们在上一步所设置的目录。同样的,由于我们开启了 cache,此文件将不会在文档的每次生成时被重复读取。

步骤 12 和步骤 13 绘制了数据:

❑ 我们创建了一个名为 plotData 的代码块。报告中显示了 R 代码,因为 echo 选项的默认值是真。当一段 R 代码会产生输出时,knitr 会自动将其输出包含在所生成的报告中。

步骤 14 展示了如何在一行中嵌入 R 代码:

❑ 我们用一组单个反引号包围 R 代码。knitr 会用 R 命令的输出来替换行内 R 代码。

❑ 因此，nrow(auto) 会返回 autos 的行数并包含于所生成的文档中。

更多细节

表 8-1 是一些最为常用的 markdown 语法元素列表。

完整的语法元素列表可参考 http://www.rstudio.com/wp-content/uploads/2015/02/rmarkdown-cheatsheet.pdf。

表 8-1

选项	语法	备注
斜体字	*text*	
粗体字	**text**	
新建一段	行末保留两个空格	
1 ~ 6 号标题	# text, ## text, ### text 等	标题会用合适的字体显示出来
水平线 \<hr\>	***	绘制一条水平线
无序列表 (*, +, –)	* List Item 1	注意 * 和列表项 + 和 – 之间的空格也可被使用
无序子项	+ sub item 1	用一个缩进的 + 来创建子列表，或者也可以用一个缩进的 – 或者 * 来创建子列表
有序列表	1. List item 1. Another List item	即使对于有序列表，缩进的 + 也可以用于创建子项

表 8-2 展示了代码段的多种显示选项。

表 8-2

选项	描述	允许的取值
eval	在代码块中允许代码	TRUE、FALSE; 默认: TRUE
echo	与输出一起展示出代码	TRUE、FALSE; 默认: TRUE
warning	显示警告信息	TRUE、FALSE; 默认: TRUE
error	显示错误信息	TRUE、FALSE; 默认: FALSE
message	显示 R 讯息	TRUE、FALSE; 默认: TRUE
results	显示结果	markup、asis、hold、hide; 默认: markup
cache	缓存结果	TRUE、FALSE; 默认: FALSE

1. 使用渲染函数

在 RStudio 中，单击 knitr 按钮会用 knitr 来创建输出。你也可以直接在 R 命令行中输入命令。当你将第二个参数留空时，markdown 文件的输出值会决定输出格式：

```
rmarkdown::render("introduction.Rmd","pdf_document").
```

为了创建 markdown 文档中所有提到的输出格式，可使用下述命令：

```
rmarkdown::render("introduction.Rmd","all")
```

2. 添加输出选项

可以添加以下输出选项：

❑ 要建立的输出文档类型：

- output:html_document、output:pdf_document、output:beamer_ presentation、output:ioslides_presentation、output:word_ document

❑ 为标题编号。如果各章节没有被命令，则按照顺序依次用数字命名它们：

- number_sections = TRUE

❑ 选项 fig_width、fig_height 是输出图片的默认的以英寸⊖为单位的宽和高：

- figures:fig_width=7, fig_height=5

❑ 主题：视觉主题，若要使用自定义的 CSS 则传递 null 给它。

❑ CSS：包括文件名。

8.3　用 shiny 创建交互式 Web 应用

shiny 包帮助我们用 R 建立可交互的 Web 应用程序。本方法通过一些例子向你展示一个 shiny 应用程序的主要组件。

准备就绪

下载本章对应的文件并将它们保存到你的 R 工作目录中。本章的代码包含多个子文件夹中的文件（名为 DummyApp、SimpleApp、TabApp、ConditionalApp 和 SingleFileApp）。将这些文件夹复制到你的 R 工作目录中去。

安装并加载 shiny 包，如下所示：

```
> install.packages("shiny")
```

安装完 shiny 之后重启 RStudio。

要怎么做

要用 shiny 创建可交互的网页应用程序，请遵循如下步骤：

1）通过一个没有任何功能的傻瓜应用程序来初步认识 shiny。你的 R 工作目录中有一个名为 DummyApp 的文件夹，其中包含 ui.R 和 server.R。它们的代码如下：

```
# ui.R
library(shiny)
shinyUI(pageWithSidebar(
```

⊖ 1 英寸 =0.0254 米。——编辑注

```
    headerPanel("Dummy Application"),
    sidebarPanel(      h3('Sidebar text')   ),
    mainPanel(       h3('Main Panel text')   ) ))

#server.R
library(shiny)
shinyServer(function(input,output) { } )
```

用 runApp("DummyApp") 来运行这个应用程序。如果你是在 RStudio 中的代码面板中载入这些文件的，只需要单击 **Run App** 按钮。

2）你的 R 工作目录中的 SimpleApp 目录包含了 ui.R 和 server.R。它们的代码如下：

```
# ui.R
library(shiny)
shinyUI(fluidPage(
  titlePanel("Simple Shiny Application"),
  sidebarLayout(
    sidebarPanel(
      p("Create plots using the auto data"),
      selectInput("x", "Select X axis",
      choices = c("weight","cylinders","acceleration"))
    ),
    mainPanel(
        h4(textOutput("outputString")),
        plotOutput("autoplot"))   )
  ))
))


# server.R
auto <- read.csv("auto-mpg.csv")
shinyServer(function(input, output) {
    output$outputString <- renderText(paste("mpg ~",
        input$x))
    output$autoplot <- renderPlot(
        plot(as.formula(paste("mpg ~",input$x)),data=auto))
})
```

3）输入命令 runApp("SimpleApp")，或者，如果你将前述文件载入到 RStudio 中的代码面板中，则只需要单击 **Run App** 按钮来运行这个 shiny 应用程序。这个应用程序会在一个单独的窗口中显示。当程序运行时，RStudio 无法执行任何其他命令。要退出此应用程序，请关闭程序窗口或者在 RStudio 中按 Esc 键。

工作原理

一个 shiny 程序通常包含一个文件夹，其中有 ui.R 和 server.R 这两个文件。

ui.R 中的代码控制着用户界面，而 server.R 控制着程序在用户界面上所渲染的数据，以及程序如何响应用户在界面上的操作。

在步骤1中，这个傻瓜程序给出了一个简单的静态用户界面，它不含有用户交互的部分。

ui.R 中的 shinyUI 函数构建了用户界面。在 DummyApp 中，此函数用了三个静态元素来构建界面。它使用了 pageWithSidebar 函数来创建一个带有静态文字的由 headerPanel、sidebarPanel 和 mainPanel 所组成的页面。

server.R 中的 shinyServer 函数控制了应用程序是如何响应用户行为的。此函数在服务器端担当了监听的角色。对于每一个用户行为，shinyServer 函数从用户界面中获取相关值。服务器端相关的监听部分会被执行并将输出发送回用户端，并在屏幕上刷新数据。shiny 包的反应性将在稍后解释。由于没有一个用户可以真正交互操作的元素，所以它的 shinyServer 函数是空的，不能对用户行为做出任何反馈。

步骤2在 SimpleApp 文件夹中建立了一个简单的应用程序。这个程序展示了反应式编程的元素——一个真正能对用户在界面上的行为作出反应的程序。shiny 带有生成静态 html 的功能，同样带有 html 代码也可以生成用户界面小工具，如按钮、选择框、下拉式列表等。SimpleApp 中的 ui.R 文件显示了用 p 函数来增加一段 HTML，用 selectInput 函数来创建一个下拉式列表，用 textOutput 和 h4 函数来创建一个第四级文字，以及用 plotOutput 函数来绘制从服务器端得来的输出图像。

shiny 有多个界面布局选项来自定义用户界面的外观。在本方法中，我们用的 fluidPage 包含了三个面板：titlePanel（标题栏）、sidebarPanel（侧边栏）、和 mainPanel（主面板）。

shiny 使用了反应式编程。用户的输入（例如，键入文字，从一个列表中选择一项，或者单击一个按钮）就是一种反应式来源。服务器端的一个输出，比如一幅图片或者数据表格，是一个展现在用户的浏览器窗口上的反应式末端。每当反应来源改变时，使用这个来源的反应末端会得知这一变化并重新执行。在本方法中 renderText 和 renderPlot 都是反应式的。renderText 依赖于输入端 x，这意味着用户每选择一个不同的 x 时，都会执行 renderText()。renderPlot 同时依赖于 x 和颜色，因此它们中任何一个的改变都会导致 renderPlot 被重新执行。

当运行这个应用程序时，server.R 中的语句 shinyServer(function(input, output) 仅在这个程序被每一次载入的时候执行一遍。在此之后，对于每一个用户界面上的改动，只有监听函数的相关部分才会被执行。

我们为这个应用载入了 auto-mpg.csv 数据文件。我们通常只有在应用程序初始化时才载入包、数据以及相关的 R 源代码文件。

更多细节

关于 shiny 的完整教程请参考 http://shiny.rstudio.com/tutorial 。我们在此附加了一些创建 shiny 网页应用的重要内容。

1. 添加图像

要在用户界面中添加图像，需要将图像文件保存在应用程序文件夹下的 www 目录中。同时在 ui.R 中加入图片文件并附上其高和宽的像素值，如下所示：

```
img(src = "myappimage.png", height = 72, width = 72)
```

css、javascript 和 jquery 文件都保存在 www 文件夹中。

2. 添加 HTML 元素

shiny 提供了一些用于 HTML 标记的 R 函数。我们已经在第一个傻瓜程序中见过了 R 函数 h3("text here")。类似的，还有一些 R 函数比如 p()、h1() 可在 shiny 应用程序中添加段落、一级标题等。

3. 添加标签集

可以用 tabPanel() 函数来创建标签集，且每一个标签可保留其自身的界面组件。TabApp 文件夹中含有 ui.R 和 server.R 文件，可生产标签或者用户界面。我们从两者中摘录了主要代码：

```
# Excerpt from ui.R
mainPanel(
    tabsetPanel(
      tabPanel("Plot", textOutput("outputString"),
               plotOutput("plot")),
      tabPanel("Summary", verbatimTextOutput("summary")),
      tabPanel("Table", tableOutput("table")),
      tabPanel("DataTable", dataTableOutput("datatable"))
    )
  )
```

在 server.R 中添加功能以便获取总览、表格和 data.table 输出：

```
# Excerpt from server.R to generate a summary of the data
output$summary <- renderPrint({
  summary(auto)
})

# Generate an HTML table view of the data
output$table <- renderTable({
  data.frame(x=auto)
})
```

```
# Generate an HTML table view of the data
output$datatable <- renderDataTable({
   auto
}, options = list(aLengthMenu = c(5, 25, 50), iDisplayLength = 5))
})
```

renderDataTable 中的 options 参数需要一个列表作为输入。前述代码指定了列表中的项以及下拉框中要显示的项目个数。

用 runApp("TabApp") 运行应用程序来查看标签和内容。如果 "table" 标签显示不全，可以增大浏览器窗口的尺寸来查看。

4. 添加一个动态的用户界面

可以用两种方法创建动态用户界面：使用 conditionalPanel 或者 renderUI。我们在本节中分别给出一个例子。

我们用 conditionalPanel 来有条件地显示或隐藏一个 UI 组件。在这个例子中，我们按照用户的选择而绘制出 mpg 的直方图或者散点图。对于散点图，我们将 mpg 固定在 y 轴上并让用户选择 x 轴的变量。因此我们需要在仅当用户选择了散点图之后才显示出一组可能作为 x 轴的变量。在 ui.R 中，我们用 input.plotType != 'hist' 来检查这个条件，然后向用户展示这些选项的列表：

```
sidebarPanel(
  selectInput("plotType", "Plot Type",
    c("Scatter plot" = "scatter", Histogram = "hist")),
  conditionalPanel(condition="input.plotType != 'hist'",
    selectInput("xaxis","X Axis Variable",
      choices = c(Weight="wt", Cylinders="cyl", "Horse Power"="hp"))
  )),
  mainPanel( plotOutput("plot"))
```

为了检查 conditionalPanel 是如何工作的，在你的 R 环境中运行 runApp ("conditionalApp") 并选择绘图类型。只有当你选择了散点图之后，你才会看到 "X Axis Variable"。在这个 conditionalPanel 的例子中，所有的工作都在 ui.R 中完成并被客户端执行。

在前述的例子中，我们有一组固定的变量选择集合。因此我们可以用这些选择来创建 selectInput。如果这个列表是未知的，是依赖于用户自己所选择的数据集呢？renderUIApp 文件夹中的应用程序展示了这一点。在这个程序中，服务器端基于所选择的数据集来动态地创建变量列表。

在界面组件中，我们需要一个存放器 uiOutput("var")，来显示每次在用户界面选择不同数据集后由服务器端所生成的列表。

在服务器组件中，基于所选择的数据集中的变量名，我们用 `renderUI` 函数来创建 `output$var`。在这个例子中，我们使用了一个反应式表达，如下所示：

```
datasetInput <- reactive({
  switch(input$dataset,
    "rock" = rock,
    "mtcars" = mtcars)
  })
```

一个反应式表达会读取输入并返回输出。只有当它们所依赖的输入发生变化时才会重新生成输出。每一次生成输出之后，它都会缓存这个输出并一直使用它直到输入值发生改变为止。这个反应式表达也可以被其他的反应式表达或者一个 `render*` 函数所调用。

5. 创建单文件网页应用

在 R 3.0.0 的版本中，一个 shiny 应用可以只包含一个单独的 `app.R` 文件以及其所需的数据文件和所依赖的 R 源代码文件。创建一个新的 `SingleFileApp` 文件夹并将下载下来的 **app.R** 文件保存在这里。查看所下载的 `app.R` 并输入命令 `runApp ("SingleFileApp")` 来启动这个程序。

在 `app.R` 中，`shinyApp(ui = ui, server = server)` 这一行将首先被 R 执行。这个 `shinyApp` 函数返回一个 `shiny.appobj` 类型的对象到控制台中。当这个对象被打印时，此 shiny 程序会在一个单独的窗口中启动。

不指定应用目录且适用除了 `app.R` 之外的文件名来创建一个单文件 shiny 应用程序也是可行的。这里需要调用 `shinyApp` 函数来告诉 R 它是一个 `shiny` 应用程序。然后，我们可以运行 `print(source("appfilename"))` 来启动这个应用程序。对于用不同名字运行文件的一点告诫是：当你改动此文件的时候，应用程序并不会自动重新载入。

8.4 用 R Presentation 为分析报告创建 PDF 幻灯片

Rstudio 中内置的 `Rpres` 能使你创建一个 PDF 幻灯片形式的数据分析报告。在本方法中，我们开发一个能展示 `Rpres` 各种重要功能的小应用程序。

准备就绪

下载本章的数据文件并将 `sample-image.png` 和 `Introduction.Rpres` 文件保存在你的 R 工作目录中。

要怎么做

1）打开 RStudio。

2）用以下步骤创建一个新的 R 幻灯片文档：

a）打开菜单栏中的 File → New File 并单击 R Presentation 按钮。

b）输入文件名 RPresentation 并将其保存在你的 R 工作目录中。

c）RStudio 会创建一个扩展名为 Rpres 的文件。此文件包含一个默认的标题页（第一页）和一些样本页面。创建此文件的同时会在 RStudio 环境的右上部分显示它的预览。

d）填写 author 和 date 然后单击 Preview 按钮。

e）默认情况下，预览界面出现在 RStudio 中。然而，为了正常查看所有功能，请在幻灯片标签右上方的下拉菜单中选择 View in browser。

f）单击幻灯片右下方的方向箭头以控制播放。

3）打开你之前下载好的 R Presentation 文件：

a）打开菜单栏中的 File → Open File。

b）打开 Introduction.Rpres 文件。

4）用如下代码嵌入图片：

```
Slide with image
================
![Sample Image](sample-image.png)
```

5）要创建两列的界面，请遵循如下步骤：

a）这两列被单独一行的 *** 所隔开。

b）添加下面这一页：

```
Two Columns
===============
left:40%

**ColumnOne**
-  this slide has two columns
-      the first column has text
-      the second column has an image

***
**ColumnTwo**

![Sample Image](sample-image.png)Two Columns
```

6）为幻灯片添加转场动画效果：

全局转场效果设置：

```
Introduction
========================================================
author: Shanthi Viswanathan
```

```
date: 16 Dec 2014
transition:rotate
transition-speed:slow
```

7）添加增量显示效果：

　　在首页中添加如下代码：

```
Incremental Display
==========================================================
transition: concave
incremental: true
```

工作原理

在步骤 1 和步骤 2 中，我们创建了一个简单的幻灯片。

在步骤 3 中，我们打开了一个 R 幻灯片文档。当一个文字后面接着一组（一行中至少三个）= 的时候，这个文字会被作为标题。

步骤 4 中，我们使用了标准的 markdown 语法来为幻灯片添加图片（感叹号后接被方括号包围的文字，后接被小括号包围的图片文件名）。如果这一页幻灯片中没有其他内容，则此图片会全屏显示。

我们在步骤 5 中创建了一个两列的幻灯片。这两列之间被三个 * 字符所隔开。这次的图片将填满其所在的列。

双星号指定了一个列。默认情况下这两列占据了 50% 的页面宽度。在一个两列的布局中，每一列默认占据 50% 的页面宽度。可以使用 left 或者 right 来改变这个设置。我们这里使用了 left: 40%。

可以为幻灯片中的所有页面设置统一的转场动画效果，或者也可以为每一页分别指定各自的转场动画效果。默认动画为 linear。要一次性为所有页面设置转场动画，可将其添加至标题页中，如步骤 6 中展示的那样。

默认情况下，RPres 会在展示页面的时候一次性显示出所有的页面元素。我们可以通过 incremental = TRUE 来改变这一设置。列表项、代码块，以及段落都可以通过鼠标单击逐条显示出来。幻灯片中的第一段是逐条显示出来的，此增量显示规则同样会应用于后续的内容上。在步骤 7 中，我们会在展示句点的时候看到这一效果。

更多细节

我们现在将描述一些额外的选项来进一步控制显示。

1. 使用超链接

可以在 R 幻灯片中添加外部或内部链接。外部链接使用同样的 R Markdown 语法。对于内部链接，我们首先需要为每一页添加一个 id 然后添加一个使用它的链接，如下所示：

```
Two Columns
========
id: twocols

First Slide
========
[Go to Slide](#/twocols)
```

2. 控制显示

R 幻灯片的默认尺寸是 960×700 像素。然而，你可以通过指定页面的宽或高来改变这一尺寸：

```
Slide with plot
=======================================================
title: false
```{r renderplot,echo=FALSE,out.width="1920px"}
plot(cars)
```
```

当在浏览器中显示幻灯片的时候，如果页面中的图片没有完整的显示出来，你可以添加 fig.width 和 fig.height 设置，如下：

```
Slide with plot
=======================================================
title: false
```{r renderplot,echo=FALSE, fig.width=8,fig.height=4,
out.width="1920px"}
plot(cars)
```
```

3. 美化幻灯片的外观

你可以在标题页中设置字体，然后这个字体将会应用到所有页面中。指定页面中额外设置的字体会覆盖这个全局字体设置。

```
Introduction
=======================================================
author: Shanthi Viswanathan
date: 16 Dec 2014
font-family: Arial
```

你可以在标题页中包含一个 .css 文件，并在页面中使用这个 .css 文件所定义的样式，如下所示：

```
Introduction
=======================================================
```

```
author: Shanthi Viswanathan
date: 16 Dec 2014
css: custom.css

Two Columns
===============
class: highlight
left:70%
```

第 9 章 *Chapter 9*

事半功倍——高效且简洁的 R 代码

9.1　引言

R 编程语言提供了循环控制结构。因此很多人会自动在它的代码中使用这些控制结构并由此产生了性能问题。这是因为 R 在处理循环时非常低效。重度数据处理和 R 中的大数据集操作要求我们利用另一种强大的方式来书写简洁、优雅且高效的代码，如下：

❏ 向量化运算将元素集合作为一个整体进行处理，而不是一个元素一个元素的处理。

❏ 这个 apply 家族函数可对行、列或列表的整体进行操作而无须显示迭代。

❏ 这个 plyr 包提供了一大类的 **ply 函数，它们带有额外的功能，包括并行处理。

❏ 这个 data.table 包提供了简单有效的函数有助于操纵数据。

本章提供了使用所有这些功能的方法。

9.2　利用向量化操作

有些 R 函数可以将一个向量作为一个整体来进行操作。这些函数可以是 R 内置的函数，或者用户自定义的函数。当你自己写代码的时候，在把一切交给一个循环来遍历某个向量中的所有元素之前，最好查看一下是否可以利用一些已有的向量化函数。

准备就绪

如果你还没有下载本章对应的数据文件，现在去下载并将 auto-mpg.csv 保存到你的

R 工作目录中。

要怎么做

要利用向量化运算，请遵循下列步骤：

1）不使用显式迭代来对向量的所有元素做运算（向量化操作）：

```
> first.name <- c("John", "Jane", "Tom", "Zach")
> last.name <- c("Doe", "Smith", "Glock", "Green")
> # The paste function below operates on vectors
> paste(first.name,last.name)

[1] "John Doe"    "Jane Smith" "Tom Glock"  "Zach Green"

> # This works even with different sized vectors
> new.last.name <- c("Dalton")
> paste(first.name,new.last.name)

[1] "John Dalton"   "Jane Dalton"  "Tom Dalton"  "Zach
Dalton"
```

2）在自己的函数中使用向量化运算：

```
> username <- function(first, last) {
    tolower(paste0(last, substr(first,1,1)))
  }
> username(first.name,last.name)

[1] "doej"   "smithj"  "glockt" "greenz"
```

3）在一个向量的所有元素上隐式地应用算术运算：

```
> auto <- read.csv("auto-mpg.csv")
> auto$kmpg <- auto$mpg*1.6
```

工作原理

通过一次性操作整个向量，向量化运算减少了显式循环的需求。R 处理循环时效率不高，因为它要在循环中一遍遍地解释语句。因此，迭代较多的循环在运行时表现很糟。向量化操作有助于我们摆脱这个瓶颈，同时也使我们的代码更紧致更优雅。

几个内置函数是可向量化的，步骤 1 展示了用 paste 函数来连接字符串。

步骤 1 的后面部分展示了，当向量长度不相同时，短的向量会按需循环使用。这个长度为 1 的 new.last.name 向量重复自身来适配 first.name 向量。因此，这个姓 Dalton 与 first.name 中的每一个元素粘在一起。

向量化操作对内置函数、自定义函数和算术运算都有效。一个用两个向量 first.name 和 last.name 来生成用户名的自定义函数可见步骤 3。

即使当我们对向量和标量做算术运算时，向量化操作也仍然有效。步骤4在 auto 数据框中创建了一个新变量 kmpg 来计算每加仑汽油的公里数，它可以代表燃油经济性。这里使用了一个组合了向量和标量的简单公式。

更多细节

R 函数如 sum、min、max、range 和 prod 会将它们的参数合并成向量：

```
> sum(1,2,3,4,5)

[1] 15
```

相反的，注意有些函数如 mean 和 median 并不会将参数合并成向量并产生容易误解的结果：

```
> mean(1,2,3,4,5)

[1] 1

> mean(c(1,2,3,4,5))

[1] 3
```

9.3　用 apply 函数操作整行或整列

apply 函数可以对一个矩阵的所有行或列应用一个用户指定的函数，并返回其结果的一个合适的集合。

准备就绪

本方法无须使用任何外部对象或资源。

要怎么做

要对矩阵的整行或整列应用 apply 函数，请遵循如下步骤：

1）计算矩阵的每行的最小值：

```
> m <- matrix(seq(1,16), 4, 4)
> m

     [,1] [,2] [,3] [,4]
[1,]    1    5    9   13
[2,]    2    6   10   14
[3,]    3    7   11   15
[4,]    4    8   12   16

> apply(m, 1, min)

[1] 1 2 3 4
```

2）计算矩阵的每列的最大值：

```
> apply(m, 2, max)

[1]   4   8  12  16
```

3）创建一个新矩阵，其中每一个元素都是一个给定矩阵中元素的平方：

```
> apply(m,c(1,2),function(x) x^2)

     [,1] [,2] [,3] [,4]
[1,]    1   25   81  169
[2,]    4   36  100  196
[3,]    9   49  121  225
[4,]   16   64  144  256
```

4）对每一行应用一个函数，并传递一个参数给此函数：

```
> apply(m, 1, quantile, probs=c(.4,.8))
     [,1] [,2] [,3] [,4]
40%   5.8  6.8  7.8  8.8
80%  10.6 11.6 12.6 13.6
```

工作原理

步骤 1 创建了一个矩阵并生成了每行的最小值。

❑ apply 的第一个参数是一个矩阵或数组。

❑ 第二个参数（称为 margin）指定了我们希望如何将这个矩阵或数组分割成片。对于一个二维结构，我们可以用 1 来操作行，用 2 来操作列，或用 c(1,2) 来操作每一个元素。对于超过二维的矩阵，margin 也可以超过 2 并指定所感兴趣的维度（参考"更多细节"的内容）。

❑ 第三个参数是一个函数——内置的或者自定义的。事实上，我们甚至可以如步骤 3 中那样指定一个无名函数。

apply 函数依照第二个参数对矩阵中的每一行、列或者每一个元素调用指定的函数。

apply 函数的返回值取决于 margin 以及用户指定函数的返回值类型。

如果我们为 apply 函数提供超过三个参数，它将传递这些额外的参数到所指定的函数中。第四步中的 prob 参数就是这样一个例子。在步骤 4 中，apply 将 probs 向量传递给 quantile 函数。

 提示 如果要计算一个矩阵的行/列均值或总和，最好使用高度优化过的 colMeans、rowMeans、colSums 和 rowSums 函数来替代 apply。

更多细节

这个 apply 函数可以使用任意维度的数组作为输入。同样，你也可以将 apply 用在数据框上，这需要你首先用 as.matrix 将数据框转换成矩阵。

在一个三维数组上应用 apply

1）创建一个三维数组：

```
> array.3d <- array( seq(100,69), dim = c(4,4,2))
> array.3d

, , 1

     [,1] [,2] [,3] [,4]
[1,]  100   96   92   88
[2,]   99   95   91   87
[3,]   98   94   90   86
[4,]   97   93   89   85

, , 2

     [,1] [,2] [,3] [,4]
[1,]   84   80   76   72
[2,]   83   79   75   71
[3,]   82   78   74   70
[4,]   81   77   73   69
```

2）按照第一和第二个维度求和，我们得到一个包含两个元素的一维数组：

```
> apply(array.3d, 3, sum)
[1] 1480 1224

> # verify
> sum(85:100)
[1] 1480
```

3）按照第三个维度求和，我们得到一个二维数组：

```
> apply(array.3d,c(1,2),sum)
     [,1] [,2] [,3] [,4]
[1,]  184  176  168  160
[2,]  182  174  166  158
[3,]  180  172  164  156
[4,]  178  170  162  154
```

9.4 用 `lapply` 和 `sapply` 将函数应用于整组元素

`lapply` 函数可作用于向量、列表或数据框类型的对象。它将一个用户指定的函数应用于所传入对象的每一个元素上并返回结果的一个列表。

准备就绪

下载本章的数据文件并将 auto-mpg.csv 保存在你的 R 工作目录中。读取数据：

```
> auto <- read.csv("auto-mpg.csv", stringsAsFactors=FALSE)
```

要怎么做

为了通过 `lapply` 和 `sapply` 将一个函数应用于一组元素上，请遵循下列指导步骤：

1）在一个简单向量上做操作：

```
> lapply(c(1,2,3), sqrt)

[[1]]
[1] 1

[[2]]
[1] 1.414214

[[3]]
[1] 1.732051
```

2）使用 `lapply` 和 `sapply` 来计算一组对象的均值：

```
> x <- list(a = 1:10, b = c(1,10,100,1000),
    c=seq(5,50,by=5))
> lapply(x, mean)

$a
[1] 5.5
$b
[1] 277.75
$c
[1] 27.5
> class(lapply(x,mean))
[1] "list"

> sapply(x, mean)

    a      b      c
 5.50 277.75  27.50

> class(sapply(x,mean))

[1] "numeric"
```

3）对 auto 数据框中的每一个变量计算最小值：

```
> sapply(auto[,2:8], min)
         mpg     cylinders displacement    horsepower
           9             3           68            46
      weight  acceleration   model_year
        1613             8           70
```

工作原理

lapply 函数接受三个参数——第一个是对象，第二个是用户指定的函数，可选的第三个参数用于为指定的函数规定额外的参数。无论第一个参数是什么类型，lapply 函数总是返回一个列表。

在步骤 1 中，lapply 函数将 sqrt 应用于一个向量的所有元素上。lapply 总是返回一个列表。

步骤 2 中包含了一个拥有三个元素的列表，每一个元素都是一个向量。它计算了这些向量的均值。lapply 函数返回了一个列表，而 sapply 返回了一个向量。

在步骤 3 中，sapply 被用来将一个函数应用在数据框的列上。基于显然的理由，我们只传递了拥有数值型数据的列。

更多细节

如果结果中的每一个元素的长度都是1，则 sapply 函数返回一个向量，如果返回列表中的每一个元素都是等长的向量，则 sapply 返回一个矩阵。但是，如果我们指定 simplify=F，则 sapply 始终返回列表。默认情况是 simplify=T，如下：

1. 动态输出

在下面的两个例子中，sapply 返回一个矩阵。如果它所执行的函数具有定义好的行名和列名，则 sapply 可将它们用在矩阵上：

```
> sapply(auto[,2:6], summary)

           mpg cylinders displacement horsepower weight
Min.      9.00     3.000         68.0       46.0   1613
1st Qu.  17.50     4.000        104.2       76.0   2224
Median   23.00     4.000        148.5       92.0   2804
Mean     23.51     5.455        193.4      104.1   2970
3rd Qu.  29.00     8.000        262.0      125.0   3608
Max.     46.60     8.000        455.0      230.0   5140


> sapply(auto[,2:6], range)

      mpg cylinders displacement horsepower weight
[1,]  9.0         3           68         46   1613
[2,] 46.6         8          455        230   5140
```

2. 注意事项

如我们之前提到的那样，`sapply` 的输出类型依赖于输入对象，然而由于 R 处理数据框的方式，这可能会得到"意料之外"的输出：

```
> sapply(auto[,2:6], min)

        mpg    cylinders displacement   horsepower       weight
          9            3           68           46         1613
```

在前面的例子中，`auto[,2:6]` 返回了一个数据框，因此 `sapply` 的输入是一个数据框对象。数据框的每一个变量（或列）被传递给 `min` 函数，并且我们得到的结果是一个向量，其列名来自于输入对象。试一试这个：

```
> sapply(auto[,2], min)

 [1] 28.0 19.0 36.0 28.0 21.0 23.0 15.5 32.9 16.0 13.0 12.0 30.7
[13] 13.0 27.9 13.0 23.8 29.0 14.0 14.0 29.0 20.5 26.6 20.0 20.0
[25] 26.4 16.0 40.8 15.0 18.0 35.0 26.5 13.0 25.8 39.1 25.0 14.0
[37] 19.4 30.0 32.0 26.0 20.6 17.5 18.0 14.0 27.0 25.1 14.0 19.1
[49] 17.0 23.5 21.5 19.0 22.0 19.4 20.0 32.0 30.9 29.0 14.0 14.0
[61] ……..
```

发生这种情况是因为 R 将 `auto[,2:6]` 作为数据框来对待，而将 `auto[,2]` 作为一个向量来对待。因此在之前的例子中，`sapply` 对每一列分别操作，而在后一个例子中，它对一个向量的每一个元素做操作。

我们可以通过将 `auto[,2]` 向量转化成数据框并传递给 `min` 函数来修正这一代码：

```
> sapply(as.data.frame(auto[,2]), min)
auto[, 2]
        9
```

在下面的例子中，我们添加了 `simplify=F` 来强制返回一个列表：

```
> sapply(as.data.frame(auto[,2]), min, simplify=F)
$`auto[, 2]`
[1] 9
```

9.5 在向量的一个子集上应用函数

`tapply` 函数可以将一个函数应用于一个数据集的每个分块上。因此，当我们需要在有一个因子所定义的向量的子集上计算一个函数时，`tapply` 是非常方便的。

准备就绪

下载本章的数据文件并将 `auto-mpg.csv` 保存在你的 R 工作目录中。读取数据并为 `cylinders` 变量创建因子：

```
> auto <- read.csv("auto-mpg.csv", stringsAsFactors=FALSE)
> auto$cylinders <- factor(auto$cylinders, levels = c(3,4,5,6,8),
    labels = c("3cyl", "4cyl", "5cyl", "6cyl", "8cyl"))
```

要怎么做

为了在一个向量的子集上应用函数，请遵循下列步骤：

1）为每一种 `cylinder` 类型计算平均油耗：

```
> tapply(auto$mpg,auto$cylinders,mean)

    3cyl     4cyl     5cyl     6cyl     8cyl
20.55000 29.28676 27.36667 19.98571 14.96311
```

2）我们甚至可以指定多个因子为一个列表。下面这个例子展示了仅有一个因子的情况，这是因为输出文件只有一个，但是你可以修改这个模板：

```
> tapply(auto$mpg,list(cyl=auto$cylinders),mean)

cyl
    3cyl     4cyl     5cyl     6cyl     8cyl
20.55000 29.28676 27.36667 19.98571 14.96311
```

工作原理

在步骤 1 中 `mean` 函数被应用在按照 `auto$cylinders` 所分组的 `auto$mpg` 向量上。这个分组因子必须与输入向量长度相等，这样第一个向量中的每一个元素才能与组别联系在一起。

按照第二个参数所定义的元素组别信息，`tapply` 函数创建了第一个参数的一个分组并将每一个分组传递给用户指定的函数。

步骤 2 展示了我们其实可以用多个因子来指定分组。在这个例子中，`tapply` 会将函数应用到所指定的因子的每一个唯一的组合上去。

更多细节

类似于 `tapply` 函数，`by` 函数会将一个函数应用到数据集的行的一个组别上。但它传递了整个数据框。下面这个例子证明了这点。

将一个函数应用到数据框的一个分组上去

在下面这个例子中，我们为每一种气缸类型求出了 `mpg` 和 `weight` 的相关性：

```
> by(auto, auto$cylinders, function(x) cor(x$mpg, x$weight))
auto$cylinders: 3cyl
[1] 0.6191685
----------------------------------------------------
auto$cylinders: 4cyl
[1] -0.5430774
----------------------------------------------------
auto$cylinders: 5cyl
[1] -0.04750808
----------------------------------------------------
auto$cylinders: 6cyl
[1] -0.4634435
----------------------------------------------------
auto$cylinders: 8cyl
[1] -0.5569099
```

9.6 用 plyr 完成分割 – 应用 – 组合策略

很多数据分析任务需要首先将数据分割成一些子集，在每一个子集上应用某些操作然后适当地合并这些结果。一种常用的应用方法恰好是多种输入输出对象类型的可能组合。plyr 包提供了一些应用这种模式的简单函数，它通过系统性的函数命令来简化对象类型。

一个 plyr 函数名有三个部分：

❑ 第一个字母代表了输入对象的类型。

❑ 第二个字母代表了输出对象的类型。

❑ 第三到第五个字母始终是 ply。

在 plyr 函数的名字中，d 代表了一个数据框，l 代表了一个列表，a 代表了一个数组。举个例子，ddply 的输入输出都是数据框，ldply 把一个列表作为输入并生成一个数据框作为输出。有时，我们应用一些函数只是为了得到它们的副产品（比如说绘图）而并不需要输出对象。在这种情况下，我们可以用 _ 作为第二部分。因此 d_ply() 将一个数据框作为输入而不产生输出，这是只有函数应用时的副作用。

准备就绪

下载本章所对应的数据文件并将 auto-mpg.csv 文件保存在你的 R 工作目录中。读取数据并为 auto$cylinders 创建因子：

```
> auto <- read.csv("auto-mpg.csv", stringsAsFactors=FALSE)
> auto$cylinders <- factor(auto$cylinders, levels = c(3,4,5,6,8),
  labels = c("3cyl", "4cyl", "5cyl", "6cyl", "8cyl"))
```

在你的 R 环境中安装 plyr 包（如果没有）。可以用下面的命令来完成。

```
> install.packages("plyr")
> library(plyr)
```

要怎么做

要用 plyr 在数据分析中使用这个"分割 – 应用 – 合并"策略，请遵循如下步骤：

1）为每一个气缸数类型的车计算 mpg（两种版本）：

```
> ddply(auto, "cylinders", function(df) mean(df$mpg))
> ddply(auto, ~ cylinders, function(df) mean(df$mpg))
cylinders      V1
1       3cyl 20.55000
2       4cyl 29.28676
3       5cyl 27.36667
4       6cyl 19.98571
5       8cyl 14.96311
```

2）为每一个气缸数类型和车型年份计算 mpg 的均值、最小值和最大值：

```
> ddply(auto, c("cylinders","model_year"),
    function(df) c(mean=mean(df$mpg),
    min=min(df$mpg), max=max(df$mpg)))
> ddply(auto, ~ cylinders + model_year, function(df)
    c(mean=mean(df$mpg), min=min(df$mpg), max=max(df$mpg)))

   cylinders model_year     mean   min   max
1       3cyl         72 19.00000  19.0  19.0
2       3cyl         73 18.00000  18.0  18.0
3       3cyl         77 21.50000  21.5  21.5
4       3cyl         80 23.70000  23.7  23.7
5       4cyl         70 25.28571  24.0  27.0
6       4cyl         71 27.46154  22.0  35.0
7       4cyl         72 23.42857  18.0  28.0
8       4cyl         73 22.72727  19.0  29.0
9       4cyl         74 27.80000  24.0  32.0
10      4cyl         75 25.25000  22.0  33.0
11      4cyl         76 26.76667  19.0  33.0
12      4cyl         77 29.10714  21.5  36.0
13      4cyl         78 29.57647  21.1  43.1
14      4cyl         79 31.52500  22.3  37.3
15      4cyl         80 34.61200  23.6  46.6
16      4cyl         81 32.81429  25.8  39.1
17      4cyl         82 32.07143  23.0  44.0
18      5cyl         78 20.30000  20.3  20.3
19      5cyl         79 25.40000  25.4  25.4
20      5cyl         80 36.40000  36.4  36.4
21      6cyl         70 20.50000  18.0  22.0
22      6cyl         71 18.00000  16.0  19.0
23      6cyl         73 19.00000  16.0  23.0
24      6cyl         74 17.85714  15.0  21.0
25      6cyl         75 17.58333  15.0  21.0
26      6cyl         76 20.00000  16.5  24.0
27      6cyl         77 19.50000  17.5  22.0
28      6cyl         78 19.06667  16.2  20.8
```

29	6cyl	79	22.95000	19.8	28.8
30	6cyl	80	25.90000	19.1	32.7
31	6cyl	81	23.42857	17.6	30.7
32	6cyl	82	28.33333	22.0	38.0
33	8cyl	70	14.11111	9.0	18.0
34	8cyl	71	13.42857	12.0	14.0
35	8cyl	72	13.61538	11.0	17.0
36	8cyl	73	13.20000	11.0	16.0
37	8cyl	74	14.20000	13.0	16.0
38	8cyl	75	15.66667	13.0	20.0
39	8cyl	76	14.66667	13.0	17.5
40	8cyl	77	16.00000	15.0	17.5
41	8cyl	78	19.05000	17.5	20.2
42	8cyl	79	18.63000	15.5	23.9
43	8cyl	81	26.60000	26.6	26.6

工作原理

步骤 1 中使用了 ddply。此函数接受一个数据框作为输入并生成一个数据框作为输出。其第一个参数为 auto 数据框。第二个参数 cylinders 描述了如何划分数据。第三个参数是要应用到每一个组件上的函数。如果这个函数需要参数，我们可以添加额外的参数。我们可以用公式的形式来指定用于分割的因子，比如，步骤 1 的第二种方法那样。

步骤 2 展示了如何基于多个变量来分割数据。我们用 c("cylinders","model_year") 向量格式来通过两个变量分割数据。我们也同时将变量命名为 mean、min 和 max 来替代默认的 V1、V2 等。第二个版本展示了公式形式的使用方法。

更多细节

在这一节中，我们讨论了 transform 和 summarize 函数，也讨论了恒等函数 I。

1. 用 transform 添加一个新列

假设你想增加一列来反映每种车跟其所在组的油耗均值之间的偏差：

```
> auto <- ddply(auto, .(cylinders), transform, mpg.deviation =
round(mpg - mean(mpg),2))
```

2. plyr 函数配合 summarize 使用

下述代码展示了使用 summarize 时得到的输出：

```
> ddply(auto, .(cylinders), summarize, freq=length(cylinders),
meanmpg=mean(mpg))
cylinders freq  meanmpg
1      3cyl    4 20.55000
2      4cyl  204 29.28676
3      5cyl    3 27.36667
4      6cyl   84 19.98571
5      8cyl  103 14.96311
```

我们计算了用气缸数分组之后的数据框的行数和油耗均值。

3. 连接一列数据框成为一个大数据框

运行如下代码：

```
> autos <- list(auto, auto)
> big.df <- ldply(autos, I)
```

ldply 函数接受一个列表型输入并输出一个数据框。恒等函数 I 如实返回输入值。如果输入值是列表，则不会根据参数来分割它；每一个列表元素都会作为参数传递给函数。

9.7　用数据表对数据进行切片、切块和组合

R 提供了一些包来做数据分析和数据操作。除了 apply 家族函数之外，最常用到的包是 plyr、reshape、dplyr 和 data.table。在本方法中，我们会讨论 data.table，它可以非常高效地处理大量数据，同时不要求我们写出每一步处理过程中的详细代码。

准备就绪

下载本章对应的数据文件并将 auto-mpg.csv、employees.csv 和 departments.csv 这些文件保存在你的 R 工作目录中。读取数据并为 auto-mpg.csv 中的 cylinders 创建因子：

```
> auto <- read.csv("auto-mpg.csv", stringsAsFactors=FALSE)
> auto$cylinders <- factor(auto$cylinders, levels = c(3,4,5,6,8),
labels = c("3cyl", "4cyl", "5cyl", "6cyl", "8cyl"))
```

在你的 R 环境中安装 data.table 包，如下所示：

```
> install.packages("data.table")
> library(data.table)
> autoDT <- data.table(auto)
```

要怎么做

在本方法中我们将讨论 data.table，它可以非常高效地处理大量数据，而无需详细的过程代码。要做到这一点，请遵循以下步骤：

1）为每个气缸数类型计算油耗均值：

```
> autoDT[, mean(mpg), by=cylinders]

   cylinders      V1
1:      4cyl 29.28676
2:      3cyl 20.55000
3:      6cyl 19.98571
```

```
4:       8cyl 14.96311
5:       5cyl 27.36667
```

2）增加一列存放每一个气缸类型对应的油耗均值：

```
> autoDT[, meanmpg := mean(mpg), by=cylinders]

> autoDT[1:5,c(1:3,9:10), with=FALSE]

   No mpg cylinders             car_name  meanmpg
1:  1  28      4cyl  chevrolet vega 2300 29.28676
2:  2  19      3cyl      mazda rx2 coupe 20.55000
3:  3  36      4cyl         honda accord 29.28676
4:  4  28      4cyl      datsun 510 (sw) 29.28676
5:  5  21      6cyl          amc gremlin 19.98571
```

3）通过定义键为气缸数创建索引：

```
> setkey(autoDT,cylinders)

> tables()

      NAME  NROW NCOL MB
[1,] autoDT 398   10  1
     COLS
[1,] No,mpg,cylinders,displacement,horsepower,weight,acceleration,
model_year,car_name
     KEY
[1,] cylinders

Total: 1MB


> autoDT["4cyl",c(1:3,9:10),with=FALSE]

No  mpg cylinders             car_name  meanmpg
  1:   1 28.0      4cyl  chevrolet vega 2300 29.28676
  2:   3 36.0      4cyl         honda accord 29.28676
  3:   4 28.0      4cyl      datsun 510 (sw) 29.28676
  4:   6 23.0      4cyl            audi 100ls 29.28676
  5:   8 32.9      4cyl         datsun 200sx 29.28676
 ---
200: 391 32.1      4cyl   chevrolet chevette 29.28676
201: 392 23.9      4cyl        datsun 200-sx 29.28676
202: 395 34.5      4cyl  plymouth horizon tc3 29.28676
203: 396 38.1      4cyl toyota corolla tercel 29.28676
204: 397 30.5      4cyl   chevrolet chevette 29.28676
```

4）计算不同气缸数分组的油耗均值、最小值和最大值：

```
> autoDT[, list(meanmpg=mean(mpg), minmpg=min(mpg),
  maxmpg=max(mpg)), by=cylinders]
```

```
      cylinders   meanmpg minmpg maxmpg
1:        3cyl 20.55000   18.0   23.7
2:        4cyl 29.28676   18.0   46.6
3:        5cyl 27.36667   20.3   36.4
4:        6cyl 19.98571   15.0   38.0
5:        8cyl 14.96311    9.0   26.6
```

工作原理

data.table 包中的数据表比 *apply 系列函数和 **ply 系列函数更加高效。简单的 data.table 写法为 DT[i,j,by] 这样的形式，其中数据表 DT 的行是 i 的子集，这些子集通过 by 分组后计算 j。

在步骤 1 中对数据表中的所有行通过 cylinders 分组后计算 mean(mpg)，省略掉 i 意味着包含数据表中的所有行。

要新建一列存放计算出的 j，只需要如步骤 2 中那样加上 :=。这里我们在数据表中新建一列 meanmpg 来存放每一个气缸数类型的 mean(mpg)。

默认情况下，with 参数被设定为 TRUE，此时 j 函数会在数据框的每一个子集上运行。然而，如果不需要做计算而只需要抽取数据的话，我们也可以指定 with=FALSE。在这个例子中，数据表跟数据框一样操作。

与数据框不同的是，数据表没有行名，取而代之的，我们可以定义键并用它们来对行索引。步骤 3 中将 cylinders 定义为键，然后用 autoDT["4cyl",c(1:3,9:10), with=FALSE] 来抽取出键值为 4cyl 的数据。

我们可以用 setkeyv(DT, c("col1", "col2")) 来定义多个键，其中 DT 是数据表，col1 和 col2 是数据表中的两列。在步骤 3 中，当定义了多个键之后，可以用 autoDT[.("4cyl"),c(1:3,9:10), with=FALSE] 来抽取数据。

当 DT[i, j, by] 中的 i 本身是一个数据表时，R 会依照键值来连接两个数据表。如果键值没有被定义，则会显示错误信息。然而对于 by 来说键值不是必要的。

更多细节

我们在此介绍一些使用 data.table 的高级技巧。

1. 增加多个聚合列

在步骤 2 中，我们增加了一列计算得到的 meanmpg。这个 := 语法会计算变量并将其融合到原始数据中：

```
> # calculate median and sd of mpg grouped by cylinders
> autoDT[,c("medianmpg","sdmpg") := list(median(mpg),sd(mpg)),
    by=cylinders]
> # Display selected columns of autoDT table for the first 5 rows
```

```
> autoDT[1:5,c(3,9:12), with=FALSE]
   cylinders            car_name meanmpg medianmpg     sdmpg
1:      3cyl    mazda rx2 coupe 20.55000     20.25 2.564501
2:      3cyl           maxda rx3 20.55000     20.25 2.564501
3:      3cyl        mazda rx-7 gs 20.55000     20.25 2.564501
4:      3cyl         mazda rx-4 20.55000     20.25 2.564501
5:      4cyl chevrolet vega 2300 29.28676     28.25 5.710156
```

2. 分组计数

我们可以很方便地计算每组中的行数，如下：

```
> autoDT[,.N ,by=cylinders]
   cylinders   N
1:      3cyl   4
2:      4cyl 204
3:      5cyl   3
4:      6cyl  84
5:      8cyl 103
```

我们也可以在选取子集后计数，如下：

```
> autoDT["4cyl",.N]
[1] 204
```

3. 删除一列

通过将一列设置为 NULL，我们可以方便地删除它，如下所示：

```
> autoDT[,medianmpg:=NULL]
```

4. 连接数据表

我们可以在数据表上定义一个或者多个键，并用它们来连接数据。假设有一个定义了键的数据集 DT，如果 DT[i, j, by] 中的 i 也是一个数据集，R 会通过 DT 的键来连接这两个数据表。它将 DT 的第一个键与 i 的第一列连接，DT 的第二个键与 i 的第二列连接，以此类推。如果 DT 上没有定义键，则 R 返回一个错误。

```
> emp <- read.csv("employees.csv", stringsAsFactors=FALSE)
> dept <- read.csv("departments-1.csv", stringsAsFactors=FALSE)
> empDT <- data.table(emp)
> deptDT <- data.table(dept)
> setkey(empDT,"DeptId")
```

此时我们有两个数据表 empDT 和 deptDT，并且在 empDT 上定义了键。数据表

deptDT 中的部门 ID 也恰好是第一列。我们现在可以用如下代码按照部门 ID 来连接这两个数据表。注意，deptDT 中的列名并不需要符合 empDT 的键名——只需要列的位置正确就行。

```
> combine <- empDT[deptDT]
> combine[,.N]
[1] 100
```

为了避免无意中生成很大的集合，数据表的 join 操作会检查结果集是否会比任何一个数据表更大。如果是，它会立刻停止并给出错误消息。但不幸的是，即使在一些完美有效的情况中，这种检查也会出错。

例如，如果 deptDT 表中有两个部门没有在 empDT 中出现，则连接操作会产生 102 行而不是 100 行。因为结果中的行数比原来两个表中的行数多，这项检查会产生错误消息。下面这段代码说明了这一点：

```
> dept <- read.csv("departments-2.csv", stringsAsFactors=FALSE)
> deptDT <- data.table(dept)
> # The following line gives an error
> combine <- empDT[deptDT]
Error in vecseq(f__, len__, if (allow.cartesian) NULL else
as.integer(max(nrow(x),  : Join results in 102 rows; more than 100 =
max(nrow(x),nrow(i)) … (error message truncated)
```

如果我们知道做的是正确的，我们可以用 allow.cartesian=TRUE 来强制 R 进行连接：

```
combine <- empDT[deptDT, allow.cartesian=TRUE]
combine[,.N]
102
```

我们得到了 102 行，因为有两个部门没有员工，默认的外连接操作为这两个部门添加了额外的行。我们可以用 nomatch=0 来强制实施内连接操作，如下所示：

```
> mash <- empDT[deptDT, nomatch=0]
> mash[,.N]
[1] 100
```

5. 使用符号

我们可以在数据表中使用 .SD、.EACHI、.N、.I 和 .BY 这些特殊符号来增强功能。我们已经见到过 .N 的一些例子，它代表了行数，或者最后一行。

符号 .SD 可以控制除了 by 中的列之外的所有列，并只能在数据表的 j 部分中使用。

符号 .SDcols 与 .SD 一起使用，它用于在数据表的 j 部分中包含或排除列。

符号 .EACHI 被用于 by 分组中来为 i 中的每一个子集分组。它需要一个定义好的键才能使用。如果没有定义键，则 R 会抛出一个错误。

在下面的例子中，我们计算了每个部门的最高薪水。如果我们省略了 .SDcols= "Salary"，则 R 会试图为所有列找出最大值。这是因为 .SD 默认包括了所有列。此时 R 会抛出一个错误，因为 empDT 数据表中有些列的值是文字型的。

```
> empDT[deptDT, max(.SD), by=.EACHI, .SDcols="Salary"]

    DeptId     V1
1:       1  99211
2:       2  98291
3:       3  70655
4:       4     NA
5:       5  99397
6:       6  92429
7:       7     NA
```

在下面的例子中，我们计算了每一个部门的平均薪水。我们将这个计算出来的列命名为 AvgSalary。我们可以在 j 部分中使用列表或者 .() 表达法：

```
> empDT[,.(AvgSalary = lapply(.SD, mean)),
  by="DeptId",.SDcols="Salary"]

    DeptId AvgSalary
1:       1  63208.02
2:       2  59668.06
3:       3  47603.64
4:       5  59448.24
5:       6  51957.44
```

在下面的例子中，我们计算了每一个部门的平均薪水。我们也通过连接 empDT 和 deptDT 包含了部门名 DeptName：

```
> empDT[deptDT,list(DeptName, AvgSalary = lapply(.SD, mean)),
  by=.EACHI,.SDcols="Salary"]
    DeptId   DeptName AvgSalary
1:       1    Finance  63208.02
2:       2         HR  59668.06
3:       3  Marketing  47603.64
4:       4      Sales        NA
5:       5         IT  59448.24
6:       6    Service  51957.44
7:       7 Facilities        NA
```

第 10 章 _Chapter 10_

在哪儿——地理空间信息数据分析

10.1　引言

　　地图以及其他形式的地理信息包围着我们。随着可移动位置感知设备的普及，人们发现要将空间信息加到其他数据上正变得越来越容易。我们同样也可以基于地理和相关信息把地理纬度添加到其他数据上。就像所期望的那样，R 有包来处理地理空间数据并将其可视化，因此对很多人而言，处理地理空间数据变得很容易。sp、maptools、maps、rgdal和 RgoogleMaps 包提供了必要的功能。在本章中我们设置了一些方法可用于应对大多数人最常用的操作：将地理空间数据导入 R 并可视化。读者如果需要实现更加高级的操作，则请查阅专注于这一主题的文献。

10.2　下载并绘制一个地区的谷歌地图

　　可以使用 RgoogleMaps 包通过经纬度来获取某个地区的谷歌地图并绘制出来。这个方法非常便于使用。然而我们并不能对地图元素实施多少控制，也不能控制绘图效果。要想获得更全面的控制，你可以使用本章接下来的几个方法。

准备就绪
用下列命令安装 RgoogleMaps 包：

```
install.packages("RgoogleMaps")
```

要怎么做

要下载并使用一个地区的谷歌地图，请遵循如下步骤：

1）加载 RgoogleMaps 包：

```
> library(RgoogleMaps)
```

2）确定你所需要的地图区域的经纬度。在本方法中，你会得到美国新泽西州薛顿贺尔大学的周边地图。地区经纬度参数为：(lat, long) = (40.742634, –74.246215).

3）从谷歌地图上下载静态地图并绘制出来（如图 10-1 所示）：

```
> shu.map <- GetMap(center = c(40.742634, -74.246215),
    zoom=17)
> PlotOnStaticMap(shu.map)
```

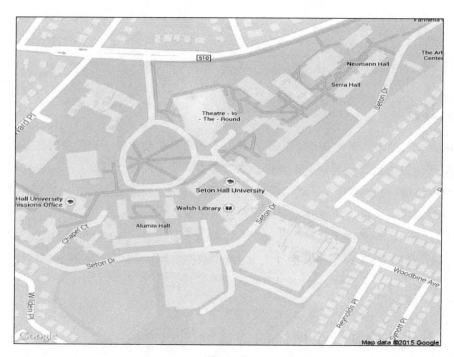

图　10-1

工作原理

步骤 1 载入了 RgoogleMaps 包。

步骤 2 中确定了我们所需的地图区域的经纬度。

在确定了地区的经纬度之后，步骤 3 用 GetMap 函数来获取地图数据并将其保存到 R 变量 shu.map 中。选项 zoom=17 控制了返回地图的放大水平。选项 zoom=1 给出了整个世界，而 zoom=17 大约会覆盖一个边长为四分之一英里[⊖]的正方形区域。

步骤 3 中用 PlotOnStaticMap 函数绘制出了世界地图。

更多细节

在主方法中，我们获取了地图数据并将其保存在 R 变量中。然而我们也可以将其保存为图像文件。我们也可以选择下载几个不同的地图类型。

1. 将下载的地图保存为图像文件

使用 destfile 选项将所下载的地图保存为一个图像文件：

```
> shu.map = GetMap(center = c(40.742634, -74.246215),
    zoom=16, destfile = "shu.jpeg", format = "jpeg")
```

GetMap 也支持其他图像格式，比如 png 和 gif。更多细节请查看帮助文档。

2. 获取卫星图像

默认情况下 GetMap 函数返回的是街道地图（如图 10-2 所示）。你可以用 maptype 参数来控制返回的类型，如下：

```
> shu.map = GetMap(center = c(40.742634, -74.246215), zoom=16,
    destfile = "shu.jpeg", format = "jpeg", maptype = "satellite")
> PlotOnStaticMap(shu.map)
```

图　10-2

⊖　1 英里 =1609.344 米。——编辑注

GetMap 支持的其他类型有 roadmap 和 terrain。更多细节请查阅帮助文档。

10.3　在已下载的谷歌地图上叠加数据

除了绘制静态的谷歌地图，RgoogleMaps 也允许你在静态地图上叠加自己的数据点。在本方法中，我们会使用一个包含了工资和地理空间信息的数据文件来绘制数据点所覆盖地区的谷歌地图，并在其上叠加工资信息。RgoogleMaps 包提供了非常方便的用法但并不允许你控制地图元素以及地图的绘制方式。要想更好地控制这些，你可以使用本章接下来的方法。

准备就绪

安装这个 RgoogleMaps 包。如果你还没有下载 nj-wages.csv 数据文件，那么现在去下载并确保将其存放在你的 R 工作目录中。这个文件包含了从新泽西教育部门下载的信息并混合了从 http://federalgovernmentzipcodes.us 下载的经纬度信息。

要怎么做

要在下载的谷歌地图上叠加数据，请遵循下列步骤：

1）载入 RgoogleMaps 并读取数据文件：

```
> library(RgoogleMaps)
> wages <- read.csv("nj-wages.csv")
```

2）将工资转换成分位数以便于绘图：

```
> wages$wgclass <- cut(wages$Avgwg, quantile(wages$Avgwg,
  probs=seq(0,1,0.2)), labels=FALSE, include.lowest=TRUE)
```

3）创建调色板：

```
> pal <- palette(rainbow(5))
```

4）绑定数据框：

```
> attach(wages)
```

5）获取数据所覆盖地区的谷歌地图：

```
> MyMap <- MapBackground(lat=Lat, lon=Long)

[1] "http://maps.google.com/maps/api/staticmap?center=40.115,-
74.715&zoom=8&size=640x640&maptype=mobile&format=png32&sensor=tr
ue"
center, zoom:  40.115 -74.715 8
```

6）用与平均工资分位数成正比的颜色和尺寸的点来绘制地图：

```
> PlotOnStaticMap(MyMap, Lat, Long, pch=21, cex =
  sqrt(wgclass),bg=pal[wgclass])
```

7）添加图例：

```
> legend("bottomright", legend=paste("<=",
  round(tapply(Avgwg, wgclass, max))), pch=21, pt.bg=pal,
  pt.cex=1.0, bg="gray", title="Avg wgs")
```

输出的效果如图 10-3 所示。

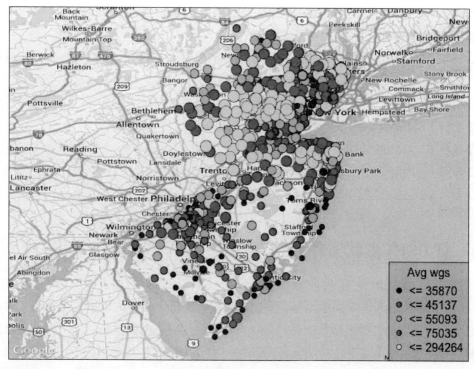

图 10-3

工作原理

步骤 1 载入了 RgoogleMaps 包并读取了数据文件。这个文件包含了新泽西几个学区的地理数据以及其他数据。我们的目标是展示一块地区的谷歌地图并在其上叠加各个学区的平均工资。

在步骤 2 中 cut 函数被用在 Avgwg 列上来创建一个新的列，名为 wgclass。这一列代表了一个学区所属的分位数。

步骤 3 创建了一个包含 5 种颜色的调色板。

在步骤 4 中 wages 绑定了数据框，这样可以方便地调用变量。

在步骤 5 中 MapBackground 函数被用来得到一个区域的静态谷歌地图。我们传递了所有的经纬度，`MapBackground`函数使用它们来确定地图的 总体范围。

步骤6使用了`PlotOnStaticMap`函数来绘制步骤5中的地图。除了绘制第5步中的静态地图，这一步也绘制出了一些单独的点。因为这个命令的调用将点的经纬度作为第二和第三个参数传递给了函数。其他一些参数的作用如下：

- `pch`决定了每一个点的形状。
- `cex`根据其分位数决定了每一个点的尺寸大小。
- `bg`根据其分位数决定了每个点的背景色。

步骤7中我们调用了`legend`函数来添加图例。其参数的作用如下：

- 第一个参数决定了图例的位置。
- 这个`legend`函数提供了用于图例的文字向量。它通过为每一个工资级别找到`Avgwg`的最大值来创建这个向量。
- 与之前一样，`pch`决定了每个点的形状。
- 参数`pt.bg`决定了用于图例点背景设的调色板。
- 参数`pt.cex`决定了图例点的大小。
- 参数`bg`决定了整个图例的背景色。
- 参数`title`指定了图例的标题。

10.4 将 ESRI 形状文件导入到 R 中

一些组织公开了免费获取的 ESRI 形状文件，你可以使它们适应你的需求。`RgoogleMaps`用起来非常简单，而且我们也发现它提供了很少的用于控制地图元素和画图的选项。另一方面，导入形状文件的做法可以使我们有完全的控制权。当我们需要很好地控制单独元素的渲染而不是仅仅绘制一幅地图图像时，我们应该倾向于使用这种方法。R中的`rgdal`包提供了下载形状文件的功能，它可以将文件保存为`sp`包可以处理的格式。

准备就绪

安装`rgdal`和`sp`包。在编写这本书的时候，在 Mac OS X 上安装`rgdal`包还比较麻烦。没有现成可用的二进制包，不同版本的操作系统在安装时需要的步骤也不尽相同。你需要从网上研究一下如何安装它。

将下列文件复制到你的 R 工作目录中：

- `ne_50m_admin_0_countries.shp`
- `ne_50m_admin_0_countries.prj`
- `ne_50m_admin_0_countries.shx`
- `ne_50m_admin_0_countries.VERSION.txt`

❑ ne_50m_airports.shp

❑ ne_50m_airports.prj

❑ ne_50m_airports.shx

❑ ne_50m_airports.VERSION.txt

我们可以从 http://www.naturalearthdata.com/ 上获取这些文件。

要怎么做

要把 ESRI 形状文件导入 R，请遵循如下步骤：

1）载入 sp 和 rgdal 包：

```
> library(sp)
> library(rgdal)
```

2）读取各国的 ESRI 文件：

```
> countries_sp <- readOGR(".", "ne_50m_admin_0_countries")

OGR data source with driver: ESRI Shapefile
Source: ".", layer: "ne_50m_admin_0_countries"
with 241 features and 63 fields
Feature type: wkbPolygon with 2 dimensions

> class(countries_sp)

[1] "SpatialPolygonsDataFrame"
attr(,"package")
[1] "sp"
```

3）读取各个机场的 ESRI 文件：

```
> airports_sp <- readOGR(".", "ne_50m_airports")

OGR data source with driver: ESRI Shapefile
Source: ".", layer: "ne_50m_airports"
with 281 features and 10 fields
Feature type: wkbPoint with 2 dimensions

> class(airports_sp)

[1] "SpatialPointsDataFrame"
attr(,"package")
[1] "sp"
```

工作原理

步骤 1 载入了 sp 和 rgdal 包。

步骤 2 中，rgdal 包 中 的 readOGR 函 数 被 用 来 读 取 ne_50m_admin_0_

countries.shp 形状文件层。一个 ESRI 形状文件中的某一层的所有文件都有相同的文件名和不同的扩展名。每一个文件都包含了地图中一个层的一些信息。readOGR 函数的第一个参数指定了 dsn（数据源的名称），或者是包含这个层的目录，而第二个参数指定了所需读取的层。

步骤 2 的结果显示出 readOGR 函数返回了一个 SpatialPolygonsDataFrame 类的对象。sp 包定义了几个空间类，其中包含 SpatialPolygonsDataFrame。这个类用 polygon 的形式存放了每个国家的空间信息，并额外地将每一个国家的非空间属性存放于一个被称为 data 的槽中。事实上，一个 SpatialPolygonsDataFrame 对象就是一个附带有非空间属性的空间对象（一组多边形）。

步骤 3 使用了 readOGR 函数来读取一个名为 ne_50m_airports 的层。检查这个对象的类可以发现其是一个 SpatialPointsDataFrame 对象。就像 SpatialPolygonsDataFrame 一样，对象 SpatialPointsDataFrame 也是一个附带有非空间属性的空间对象。

10.5 使用 sp 包绘制地理数据

sp 包具有保存和绘制地理空间数据的必要功能。在本方法中，我们使用 sp 包来绘制已导入的形状文件。

准备就绪

安装 rgdal 和 sp 包。如果你在 Mac 或 Linux 系统上安装 rgdal 包时遇到了一些问题，请参考之前的方法。

将下列文件复制到你的 R 工作目录中：

❏ ne_50m_admin_0_countries.shp

❏ ne_50m_admin_0_countries.prj

❏ ne_50m_admin_0_countries.shx

❏ ne_50m_admin_0_countries.VERSION.txt

❏ ne_50m_airports.shp

❏ ne_50m_airports.prj

❏ ne_50m_airports.shx

❏ ne_50m_airports.VERSION.txt

我们可以从 http://www.naturalearthdata.com/ 上获取这些文件。

要怎么做

要使用 sp 包来绘制地理空间数据，请遵循如下步骤：

1）载入 sp 和 rgdal 包：

```
> library(sp)
> library(rgdal)
```

2）读取数据：

```
> countries_sp <- readOGR(".", "ne_50m_admin_0_countries")
> airports_sp <- readOGR(".", "ne_50m_airports")
```

3）绘制黑白的国家轮廓：

```
> # without color
> plot(countries_sp)
```

4）绘制彩色的国家轮廓：

```
> # with color
> plot(countries_sp, col = countries_sp@data$admin)
```

5）添加机场。请勿关闭上一幅图像窗口：

```
> plot(airports_sp, add=TRUE)
```

6）绘制经济水平（因子型）：

```
> spplot(countries_sp, c("economy"))
```

7）绘制人口（数值型）：

```
> spplot(countries_sp, c("pop_est"))
```

工作原理

如果你还没有读完 10.4 节，那么请务必先阅读它。

步骤 1 载入了 sp 和 rgdal 包。

步骤 2 使用 readOGR 来读取各国和各机场的 ESRI 形状文件。

步骤 3 展示了如何用 plot 函数绘制黑白的国家轮廓。它绘制出了 countries_sp 中的多边形对象。

步骤 4 与步骤 3 类似，绘制了国家轮廓但增加了颜色。

步骤 5 使用了 plot 函数配合 add=TRUE 选项为图像添加了机场信息。这个 airports_sp 对象包含了一些点，plot 函数使用指定的属性，比如形状和大小，来绘制出每一个点。

在步骤 6 和步骤 7 中我们演示了 spplot 函数的用法，其利用了网格绘制功能、这些步骤显示了 spplot 可以处理因子型变量和数值型变量。

10.6 从 maps 包中获取地图

maps 包带有一些预先建立好的地图，我们可以下载并修改它们。本方法演示了这些地图的功能。

准备就绪

安装 maps 包。

要怎么做

要想从 maps 包中获取地图，请遵循如下步骤：

1）载入 maps 包：

```
> library(maps)
```

2）绘制世界地图：

```
> # with country boundaries
> map("world")
> # without country boundaries
> map("world", interior=FALSE)
```

3）绘制彩色的世界地图：

```
> map("world", fill=TRUE, col=palette(rainbow(7)))
```

4）绘制出一个国家的地图：

```
> # for most countries, we access the map as a region on the world
map
> map("world", "tanzania")
> # some countries (Italy, France, USA) have dedicated maps that
we can directly access by name
> map("france")
> map("italy")
```

5）绘制美国地图：

```
> # with state boundaries
> map("state")
> # without state boundaries
> map("state", interior = FALSE)
> # with county boundaries
> map("county")
```

6）绘制出美国的一个州的地图：

```
> # only state boundary
> map("state", "new jersey")
> # state with county boundaries
> map("county", "new jersey")
```

工作原理

此 maps 包中带有几个地图数据库，这使我们能有效使用地图的一些功能。

10.7 从包含空间及其他数据的普通数据框中创建空间数据框

当你有一个带有空间属性和其他属性的普通数据框时，将它们转换成完整的空间对象会使得处理过程变得更简单。本方法展示了如何完成这种转换。

准备就绪

安装 sp 包。下载 nj-wages.csv 文件并确保将其存放于你的 R 工作目录中。

要怎么做

要处理一个带有空间属性的普通数据框，请遵循如下步骤：

1）载入 sp 包：

```
> library(sp)
```

2）读取数据：

```
> nj <- read.csv("nj-wages.csv")
> class(nj)
[1] "data.frame"
```

3）将 nj 转换成一个空间对象：

```
> coordinates(nj) <- c("Long", "Lat")
> class(nj)

[1] "SpatialPointsDataFrame"

attr(,"package")
[1] "sp"
```

4）绘制点（如图 10-4 所示）：

```
> plot(nj)
```

5）将这些点转换成线，并绘制出它们（如图 10-5 所示）：

```
> nj.lines <-
    SpatialLines(list(Lines(list(Line(coordinates(nj))),
    "linenj")))
> plot(nj.lines)
```

图 10-4

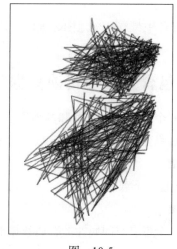

图 10-5

工作原理

步骤 1 载入了 sp 包。

步骤 2 中读取了数据文件，这里显示 nj 现在是一个普通的数据框对象。

在步骤 3 中，nj 数据框中的变量 Lat 和 Long 通过 coordinates 函数被确定为空间坐标。我们看到现在 nj 被转换成一个 SpatialPointsDataFrame 对象——一个完整的空间对象。

10.8 通过合并普通数据框和空间对象生成空间数据框

我们常常遇到一些附带有地理方面信息的数据（比如邮编），但却没有足够的地理坐标信息来绘制它们。为了用地图来展示这些信息，我们需要将基础数据与足够的地理坐标信息相融合，从而来绘制它们。这个 sp 包中有几个 SpatialXXXDataFrame 类，可以将地理位置信息与额外的描述性数据一起展示出来。本方法将展示我们如何创建并绘制此类对象。在本方法中，我们会演示如何从 maps 包中获取一个地图并将其转换成一个 SpatialPolygons 对象。然后我们会从一个普通的数据框中添加数据并创建一个 SpatialPolygonsDataFrame 对象，进而将它绘制出来。

准备就绪

安装 sp、maps 和 maptools 包。下载 nj-county-data.csv 文件到你的 R 工作目录中。

要怎么做

在本方法中我们演示了如何从 maps 包中获取地图，并将其转换成一个 SpatialPolygons 对象，然后通过为其添加来自普通数据框的数据来得到一个 SpatialPolygonsDataFrame 对象，进而绘制出这个对象。要完成这一切，请遵循如下步骤：

1）载入所需的包：

```
> library(maps)
> library(maptools) # this also loads the sp package
```

2）获取新泽西州的郡县级地图：

```
> nj.map <- map("county", "new jersey", fill=TRUE,
    plot=FALSE)
> str(nj.map)
List of 4
 $ x    : num [1:774] -75 -74.9 -74.9 -74.7 -74.7 ...
 $ y    : num [1:774] 39.5 39.6 39.6 39.7 39.7 ...
 $ range: num [1:4] -75.6 -73.9 38.9 41.4
 $ names: chr [1:21] "new jersey,atlantic" "new jersey,bergen"
"new jersey,burlington" "new jersey,camden" ...
 - attr(*, "class")= chr "map"
```

3）抽取出郡名：

```
> county_names <- sapply(strsplit(nj.map$names, ","),
    function(x) x[2])
```

4）将地图转换成 SpatialPolygon：

```
> nj.sp <- map2SpatialPolygons(nj.map, IDs = county_names,
    proj4string = CRS("+proj=longlat +ellps=WGS84"))
> class(nj.sp)

[1] "SpatialPolygons"
attr(,"package")
[1] "sp"
```

5）从文件中创建一个普通的数据框：

```
> nj.dat <- read.csv("nj-county-data.csv")
```

6）创建行名来匹配地图：

```
> rownames(nj.dat) <- nj.dat$name
```

7）创建 SpatialPolygonsDataFrame 对象：

```
> nj.spdf <- SpatialPolygonsDataFrame(nj.sp, nj.dat)
> class(nj.spdf)

[1] "SpatialPolygonsDataFrame"
attr(,"package")
[1] "sp"
```

8）绘制地图（如图 10-6 所示）：

```
> # plain plot of the object
> plot(nj.spdf)

> # Plot of population:
> spplot(nj.spdf, "population", main = "Population")
```

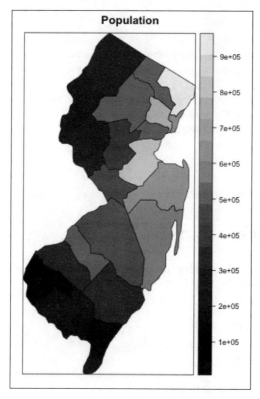

图　10-6

9）基于收入信息，可以对人均收入和家庭收入中位数做一个比较（如图 10-7 所示）：

```
> spplot(nj.spdf,
    c("per_capita_income","median_family_income"),
    main = "Incomes")
```

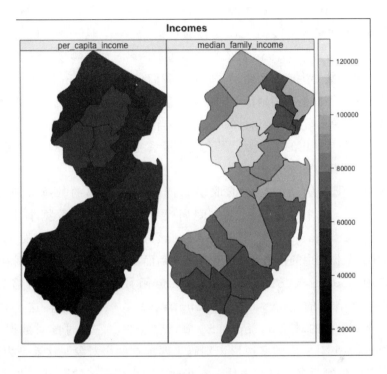

图 10-7

工作原理

步骤 1 载入了 maps、maptools 和 sp 包。

步骤 2 使用了 maps 包中的 Map 函数来获取新泽西州的郡县级地图。

我们可以从 maps 包中得到线型或多边形的地图。要基于数据值得到彩色的地区（比如世界地图上的国家或者国家地图上的州或郡），我们需要用多边形来表示地区。我们用参数 fill = TRUE 选项来得到多边形地图。

我们首先将地图转换成一个 SpatialPolygons 对象，然后为其添加非空间属性值使它变成一个 SpatialPolygonsDataFrame 对象。

每一个 SpatialPolygons 对象中的多边形都必须具有唯一的识别码。从第二步的输出中，我们看到地图中的独立区域（多边形，对应着郡）具有名字，比如 new jersey、atlantic。

步骤 3 在每一个地区名上应用 strsplit 函数，从而从地图的地区名中抽取出郡名。我们用这些抽取出的郡名作为多边形的识别码。为了将空间数据与普通的数据框结合起来，多边形的识别码会与普通数据框的行名进行配对。这就是为什么我们需要为多边形赋上识别码。

在步骤4中，maptools包中的map2SpatialPolygons函数被用来从地图nj.map中生成一个SpatialPolygons类的对象nj.sp。这个函数使用所提供的参数IDs来为输出SpatialPolygons对象中的多边形命名。如果参数IDs的长度和多边形的数量不相等，则函数会生成一个错误。此时，我们有一个不含任何非空间属性的空间对象。地图文件有多种不同格式的地理空间坐标信息。参数proj4string通过创建一个坐标参考系（CRS）对象来指明坐标信息的类型。在当前的例子中，我们指明了所使用的坐标用经纬度来表示，并且使用的标准为世界大地测量系统1984（WGS84）。根据地图上的坐标，也可能需要创建其他CRS对象。

在步骤5中，我们从一个文件读取了新泽西州各个郡的数据并创建了一个普通数据框nj.dat。这个数据框没有空间属性。我们从这个数据框中添加属性列SpatialPolygons nj.sp 来创建一个SpatialPolygonsDataFrame对象。

在步骤6中，数据框中的行名被赋值为郡名。后面我们会知道这样做的原因。

在步骤7中，SpatialPolygonsDataFrame函数被用来将空间信息和非空间信息合并到一个单独的SpatialPolygonsDataFrame对象中。这个函数使用了SpatialPolygons类的对象nj.sp和nj.dat数据框。它通过配对数据框中的行名和SpatialPolygon对象中的多边形识别码来匹配这两个对象。这就是为什么我们在第6步中将郡名赋值给行名，以及为什么在步骤3中生成郡名的原因。此时我们有一个SpatialPointsDataFrame类的对象nj.spdf，其包含了空间和非空间的信息。

在步骤8中我们用plot函数绘制了SpatialPointsDataFrame对象。这幅图只显示空间信息。

在步骤9中，我们使用了spplot函数来绘制每一个郡的数据，并基于每一个郡的人口数量为它们上色。步骤9的最后一步显示出spplot是基于lattice包的。

10.9　为已有的空间数据框添加变量

本方法展示了如何为空间数据框对象添加变量。其中一种方法（参考10.8节内容）会先创建所有需要的变量，而后在创建空间数据框。然而这样并不总是可行的。本方法将展示如何为一个已有的空间数据框对象添加非空间变量。

准备就绪

安装sp、maps和maptools包。下载数据文件nj-county-data.csv并将其放置于你的R工作目录中。

要怎么做

要为一个已有的空间数据框添加变量，请遵循如下步骤：

1）遵循如下步骤（参考 10.8 节）：

```
> library(maps)
> library(maptools)
> nj.map <- map("county", "new jersey", fill=T, plot=FALSE)
> county_names <- sapply(strsplit(nj.map$names, ","),
  function(x) x[2])
> nj.sp <- map2SpatialPolygons(nj.map, IDs = county_names,
proj4string = CRS("+proj=longlat +ellps=WGS84"))
> nj.dat <- read.csv("nj-county-data.csv")
> rownames(nj.dat) <- nj.dat$name
> nj.spdf <- SpatialPolygonsDataFrame(nj.sp, nj.dat)
```

2）计算每个郡的人口密度：

```
> pop_density <-
  nj.spdf@data$population/nj.spdf@data$area_sq_mi
```

3）为 `nj.spdf` 添加变量：

```
> nj.spdf <- spCbind(nj.spdf, pop_density)
> names(nj.spdf@data)
[1] "name"                   "per_capita_income"
[3] "median_household_income" "median_family_income"
[5] "population"             "no_households"
[7] "area_sq_mi"             "pop_density"
```

4）绘制数据（如图 10-8 所示）：

```
> spplot(nj.spdf, "pop_density")
```

工作原理

步骤 1 通过重复了 10.8 节中的代码来创建一个 `SpatialPointsDataFrame` 对象。它包含了新泽西州中的郡县级数据。

在步骤 2 中通过变量访问了潜在的数据框 `nj.spdf@data` 并基于 `population` 和 `area_sq_mi` 变量计算了人口密度。

在步骤 3 中使用了 `maptools` 包中的 `spCbind` 方法来添加新变量到 `Spatialpoints-DataFrame` 类的对象 `nj.spdf` 中。

步骤 4 中绘制出了这个新的变量。

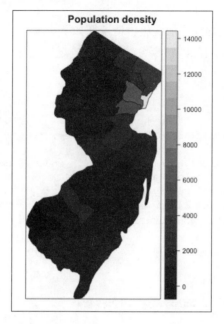

图 10-8

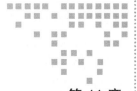

第 11 章 *Chapter 11*

友好协作——连接到其他系统

11.1 引言

R 是一个开源产品，因此其功能一直在扩展。R 众多的统计包和其强大的可视化功能使它十分有用。当使用其他环境（比如 Java，C++，Python 和 Excel）编写的程序需要使用 R 独特的功能时，我们需要将它们与 R 平滑地整合在一起。在本章中我们将讨论通过 Java 和 Excel 使用 R，并从数据库中读取数据。

这个 rJava 包使我们能够在 R 中通过 Java 原生接口（JNI）创建和连接 Java 对象。Java-R 接口（JRI）和 Rserve 包使我们能完成相反的事情——在 Java 程序中调用 R。我们也会讨论用 R 直接操作 Excel 文件的方法。

11.2 在 R 中使用 Java 对象

有时我们用 Java 完成一个程序中的一部分，并需要用 R 访问它们。这个 rJava 包就可以让我们直接在 R 中连接 Java 对象。

准备就绪

如果你还没有下载本章的数据文件，现在去下载并确保将它们放置在你的 R 工作目录中：

1）在你的 R 工作目录中创建一个名为 `javasamples` 的文件夹并将所有后缀

为 .java 或者 .class 的文件移动到这个文件夹中。

2）用 install.packages("rJava") 命令安装 rJava。

3）用 library(rJava) 命令载入包。

4）要让 rJava 在你的环境中正常工作，JDK 版本必须跟下面完全一致。我们会解释如何在 Mac OS X 系统中让它们保持一致：

    a）JDK 环境版本：在你的命令行中执行 java -version 来获取已安装的 Java 版本。你将会使用这个版本创建 .jar 文件或者编译 Java 程序。

    b）R 中的 JDK 版本：当你安装好并载入 rJava 包之后，请检查 R 环境中的 Java 虚拟化（JVM）版本。我们在上一步中执行这个命令来检查。这应该与你用 java-version 所得到的结果一致。

5）如果你使用 Mac OS X 并发现它们的版本不一致，请参考下面步骤从源代码中安装 rJava 的最新版本：

    a）从 http://www.rforge.net/rJava/files/ 上面下载 rJava 最新版本的源文件 rJava_ 0.9-9.tar.gz，对于 rJava 的每一个新版本，其文件名会不一样：

```
sudo R CMD javareconf
```

    b）在你的 shell 配置文件中添加下列行（bash 的配置文件在 .bash_profile，csh 的配置文件在 .profile，等等），请确保按照你的环境修改下面这个目录：

```
export JAVA_HOME="/Library/Java/JavaVirtualMachines/
jdk1.8.0_25.jdk/Contents/Home/
export LD_LIBRARY_PATH=$JAVA_HOME/jre/lib/server
export MAKEFLAGS="LDFLAGS=-Wl,-rpath $JAVA_HOME/lib/server"
```

    c）关闭终端窗口并重新打开，这样可以使配置文件生效。

    d）安装下载的 rJava 包，确保修改这个文件名：

```
sudo R CMD INSTALL rJava_0.9-7.tar.gz
```

    e）关闭 R 或 RStudio，并从同一个终端窗口中通过执行命令 open -a R 或者 open -a RStudio 来重新打开它。

    f）使用 library(rJava) 重新载入库。

    g）再次通过第一步检查 JVM 版本。

6）从 http://www.rforge.net/JRI/files/ 下载 JRI.jar、REngine.jar 和 JRIEngine. jar 三个文件；从 http://www.rforge.net/Rserve/files/ 下载 RserveEngine.jar。将这四个文件放置在你的 R 工作目录中的 lib 文件夹下。

7）你可以用预先提供的类文件或者编译 Java 源代码。这些类文件由 JDK 1.8.0_25 所创建。如果你的 JDK 版本不是这个，那么按照下一步来编译所有的 Java 程序。

8）若要编译下载好的 Java 程序，进入到 javasamples 文件夹中并执行命令 javac -cp .:../lib/* *java，然后你就应该能看到与下载好的 Java 程序所对应的后缀是 class 的文件。

要怎么做

要在 R 中使用 Java 对象，请遵循以下步骤：

1）从 R 中启动 JVM，检查 Java 版本，并设定好 classpath：

```
> .jinit()

> .jcall("java/lang/System", "S", "getProperty", "java.runtime.
version")
[1] "1.8.0_25-b17"

> .jaddClassPath(getwd())

> .jclassPath()
[1] "/Library/Frameworks/R.framework/Versions/3.1/Resources/
library/rJava/java"
[2] "/Users/sv/book/Chapter11"  => my working directory
```

2）从 R 中进行这些 Java 操作：

```
> s <- .jnew("java/lang/String", "Hello World!")
> print(s)
 [1] "Java-Object{Hello World!}"

> .jstrVal(s)
[1] "Hello World!"

> .jcall(s,"S","toLowerCase")
[1] "hello world!"

> .jcall(s,"S","replaceAll","World","SV")
[1] "Hello SV!"
```

3）进行 Java 向量操作：

```
> javaVector <- .jnew("java/util/Vector")
> months <- month.abb

> sapply(months, javaVector$add)
 Jan  Feb  Mar  Apr  May  Jun  Jul  Aug  Sep  Oct  Nov  Dec
TRUE TRUE TRUE TRUE TRUE TRUE TRUE TRUE TRUE TRUE TRUE TRUE

> javaVector$size()
[1] 12
```

```
> javaVector$toString()
[1] "[Jan, Feb, Mar, Apr, May, Jun, Jul, Aug, Sep, Oct, Nov, Dec]"
```

4）进行 Java 数组操作：

```
> monthsArray <- .jarray(month.abb)
> yearsArray <- .jarray(as.numeric(2010:2015))
> calArray <- .jarray(list(monthsArray,yearsArray))

> print(monthsArray)
[1] "Java-Array-Object[Ljava/lang/String;:[Ljava.lang.
String;@1ff4689e"

> .jevalArray(monthsArray)
 [1] "Jan" "Feb" "Mar" "Apr" "May" "Jun" "Jul" "Aug" "Sep" "Oct"
"Nov" "Dec"
> print(l <- .jevalArray(calArray))
[[1]]
[1] "Java-Object{[Ljava.lang.String;@30f7f540}"

[[2]]
[1] "Java-Object{[D@670655dd}"

> lapply(l, .jevalArray)
[[1]]
 [1] "Jan" "Feb" "Mar" "Apr" "May" "Jun" "Jul" "Aug" "Sep" "Oct"
"Nov" "Dec"

[[2]]
[1] 2010 2011 2012 2013 2014 2015
```

5）插入简单的 Java 类 HelloWorld：

```
> hw <- .jnew("javasamples.HelloWorld")
> hello <- .jcall(hw,"S", "getString")
> hello
[1] "Hello World"
```

6）插入简单的可接受参数方法的 Java 类 Greeting：

```
> greet <- .jnew("javasamples.Greeting")
> print(greet)
[1] "Java-Object{Hi World!}"

> g <- .jcall(greet, "S", "getString", "Shanthi")
> print(g)
[1] "Hello Shanthi"

> .jstrVal(g)
[1] "Hello Shanthi"
```

工作原理

函数 `.jinit()` 初始化了一个 JVM，这一步需要在调用任何 rJava 函数之前执行。如果你在这一步遇到了错误，通常是由于内存不足。关闭不想要的进程和程序，包括 R，然后再试一次。

要让 rJava 正常工作，我们需要系统环境中的 Java 版本和 rJava 版本一致。我们用 `.jcall("java/lang/System","S", "getProperty","java.runtime.version")` 命令来得到 R 环境中的 Java 版本。

在确保 Java 版本是一致的之后，我们首先需要做的是设定 classpath 来连接任何 Java 对象。我们通过 `.jaddClassPath` 来完成。我们传递了 R 工作目录给它，因为我们的 Java 类在这里面。然而如果你的 Java 类文件处于其他位置或者你创建了一个 `.jar` 文件，那么用新的位置来替换它。一旦通过 `.jaddClassPath` 设定好了 classpath，你就可以通过执行 `.jclassPath()` 来查看它。

步骤 2 展示了字符串操作。我们用 `.jnew` 来声明任何 Java 对象。其类名是用 "`/`" 分隔的完整的类名。因此，我们用 java/lang/String 而不是 java.lang.string 来引用字符串类。

函数 jstrVal 将 toString() 的求值操作作用于任何 Java 对象上。在我们的例子中，我们得到了字符串 s 的值。

我们使用 `.jcall` 来对一个 Java 对象执行任何方法。在 `jcall(s,"S","toLowerCase")` 中，我们在字符串对象 s 上调用了 toLowerCase 方法。调用中的 "S" 指明了这个方法的返回值类型。在 `jcall(s,"S","replaceAll","World","SV")` 中，我们调用了 replaceAll 方法并返回一个新的替换后的字符串。

我们在表 11-1 中列出了可能的返回值类型：

表 11-1

返回类型	Java 类型	备注
I	int	
D	double	
J	long	
F	float	
V	void	
Z	boolean	
C	char	
B	byte (raw)	
L\<class\>	\<class\> 型的 Java 对象	例如：Ljava/awt/Component
S	java.lang.String	S 是 Ljava/long/ object 的一个特例
[\<type\>	\<type\> 型对象的数组	[D 是双精度数组

步骤3展示了从R中进行Java的向量操作。我们首先用javaVector <-.jnew("java/util/Vector")创建了一个Java向量对象。然后用方法add为这个向量添加元素。在前面的步骤2中，我们用.jcall函数来调用对象的方法，但现在我们有一条捷径，这非常类似于我们在Java中做的那样，要在Java中调用一个方法，我们使用"."符号，而在R中我们使用$符号。因此，我们用javaVector$add来调用对象的add方法。

步骤4展示了Java数组操作。两个关键函数是创建数组对象的.jarray函数和返回数组对象的.jevalArray函数。我们通过.jarray函数创建了三个数组对象monthsArray、yearsArray和calArray。当我们用print(monthsArray)打印出数组对象时，我们得到了每一个数组对象的对象类型，然而当我们执行.jevalArray(monthsArray)时，我们得到了整个数组的内容。calArray对象是两个Java数组对象的列表，在这一步我们也会看到如何抽取数组成员。

步骤5展示了如何实例化一个自定义的Java对象并调用它的方法。如果你还没有编译过Java代码，那么请参考前面"准备就绪"中的指导信息。我们用.jnew来实例化一个名为hw的HelloWorld对象。我们始终将类名和包名一起传递给.jnew函数。一旦这个对象被创建出来，我们就可以调用其上的方法。这里举了一个关于调用getString方法的例子。

步骤6展示了另一个自定义对象Greeting的实例化以及方法的调用。方法的参数要跟在方法的名字后面，如.jcall(greet,"S", "getString", "Shanthi")。这里的字符串"Shanthi"就是要传递给getString方法的参数。

更多细节

以下是其他一些有用的命令，用于从R环境中调用Java对象。

1. 检查JVM属性

当在R控制台中执行Java命令而遇到问题时，你也许会想要检查Java虚拟机的属性：

```
> jvm = .jnew("java.lang.System")
> jvm.props = jvm$getProperties()$toString()
> jvm.props <- strsplit(gsub("\\{(.*)}", "\\1", jvm.props), ",
")[[1]]
> jvm.props
 [1] "java.runtime.name=Java(TM) SE Runtime Environment"
 [2] "sun.boot.library.path=/System/Library/Java/
JavaVirtualMachines/1.6.0.jdk/Contents/Libraries"
 [3] "java.vm.version=20.65-b04-462"
 [4] "awt.nativeDoubleBuffering=true"
 [5] "gopherProxySet=false"
 [6] "mrj.build=11M4609"
```

```
 [7]  "java.vm.vendor=Apple Inc."
 [8]  "java.vendor.url=http://www.apple.com/"
 [9]  "path.separator=:"
[10]  "java.vm.name=Java HotSpot(TM) 64-Bit Server VM"
......
```

2. 显示可用的方法

以下命令对于获取所有可用方法的列表，或者方法特征非常有用：

```
> .jmethods(s,"trim")
 [1]  "public java.lang.String java.lang.String.trim()"
```

前述命令显示 `String` 对象上可以调用 `trim` 方法并返回一个 `String` 对象：

```
> # To get the list of available methods for an object
> .jmethods(s)
 [1]  "public boolean java.lang.String.equals(java.lang.Object)"
 [2]  "public java.lang.String java.lang.String.toString()"
 [3]  "public int java.lang.String.hashCode()"
 [4]  "public int java.lang.String.compareTo(java.lang.String)"
 [5]  "public int java.lang.String.compareTo(java.lang.Object)"
 [6]  "public int java.lang.String.indexOf(int)"
......
```

11.3 从 Java 中用 JRI 调用 R 函数

允许你在 Java 应用程序内部用单独的线程调用 R 命令。JRI 将 R 库载入到 Java 中，因此为 R 函数提供了一个 Java 的 API。

准备就绪

确保完成 11.2 节的所有命令。

要怎么做

要从 Java 中使用 JRI 调用 R 函数，请遵循以下步骤：

1）设定环境变量 `R_HOME` 到 R 的安装目录，并将 R 的 `bin` 目录添加到环境变量 `PATH` 中。

2）打开一个新的终端窗口（在 OS X 或者 Linux 系统中）或者打开命令提示窗口（在 Windows 系统中）。确保根据你的环境来修改这些值。下述命令将帮助你在 OS X 和 Linux 系统上设置环境变量。确保修改你的目录位置：

```
export R_HOME=/Library/Frameworks/R.framework/Resources

export
PATH=$PATH:/Library/Frameworks/R.framework/Resources/bin/
```

3）从 javasamples 目录中执行下面的 Java 命令。请根据你自己的环境来修改这些值。同时请注意在 -D 和 java.library.path 中间没有空格：

```
cd javasamples
java  -Djava.library.path=/Library/Frameworks/R.framework/
Resources/library/rJava/jri -cp ..:../lib/* javasamples.
SimpleJRIStat

1520.15
```

工作原理

在步骤 1 中，我们设定了环境变量 R_HOME 到 R 的安装目录并将 R 的 bin 目录添加到环境变量 PATH 中。如果这些环境变量没有被设定，你会看到下列错误信息：

```
"R_HOME is not set. Please set all required environment variables
before running this program.
Unable to start R."
```

在步骤 2 中，我们运行了 Java 程序 SimpleJRIStat。打开 SimpleJRIStat.java 的代码：

❑ 在主方法中，我们首先创建了一个 Rengine 的实例来启动一个 R 会话。

❑ 我们用方法 waitForR 来检查并确保这个 R 会话处于激活状态。

❑ 我们在 Java 中创建了一个双精度数组并将其赋值给名为 "values" 的变量，这个 values 变量存在于 R 环境而不是 Java 环境中。

❑ Rengine 的 eval 方法等价于在 R 控制台中执行命令。方法 eval 的输出是一个 org.rosuda.JRI.REXP 对象。根据 REXP 内容的不同，方法 asString()、asDouble() 可以被执行并抽取出 R 所返回的结果。在我们的 Java 代码中，我们用 R 函数 mean 来计算数组的均值并赋值给一个 Java REXP 变量 mean。

❑ 我们然后使用 asDouble 方法来获取 mean 的值并打印出来。

❑ 最后，我们通过调用 end 方法来关闭这个 R 会话。

要执行 Java 代码，需要添加 -Djava.library.path 切换（注意 -D 和 java.library.path 中间没有空格）并指向 rJava 位置。要从 Java 中使用 REngine，我们将适合的 JAR 文件添加到 classpath。因为我们从 javasamples 文件夹中执行命令，我们将 .. 添加到 classpath 来指向父目录，那里存放着 lib 文件夹下的我们的库文件。

更多细节

从 Java 程序中调用 R 画图是可能的，让我们来了解 SimplePlot.java：

❑ 在主方法中，首先我们创建了一个 Rengine 实例来检查 R 会话是否创建成功。

❑ 我们可以通过所执行的命令中的最后一个参数来设定 R 的工作目录，也可以将当期执行的 Java 命令所在的用户目录设定为 R 的工作目录。表达式 `args.length ==` `0` 显示在代码的执行时没有传递任何参数，因此我们就用当期用户目录作为 R 的工作目录。

❑ 我们用 `read.csv` 函数将文件读入 R 中并加载给 R 中的变量 `auto`。

❑ 我们用 `nrow` 函数获取 `auto` 的行数并打印出来。

❑ 我们将 `png` 设定为绘图设备并创建一个名为 `auto.png` 的文件。

❑ 我们用 `plot` 函数来绘制 `weight` vs `mpg` 的图。

❑ 我们关闭了这个绘图设备来刷新文件内容。

❑ 最后，关闭这个 R 会话。

要抽取这个 Java 代码，使用如下命令。请按照你存放 `auto-mpg.csv` 文件的位置来修改函数调用时的参数以便对应 R 工作目录：

```
java -Djava.library.path=/Library/Frameworks/R.framework/Resources/
library/rJava/jri/ -cp ..:../lib/* javasamples.SimplePlot /Users/sv/
book/Chapter11
```

11.4 从 Java 中用 `Rserve` 调用 R 函数

`Rserve` 包是一个可以接受客户端请求的 TCP/IP 服务。RServe 允许通过其他手段访问 R。每一个连接都有独立的工作区和工作目录。

准备就绪

如果你还没有下载本章的数据文件，现在去下载并确保将它们放置在你的 R 工作目录中：

❑ 创建 `javasamples` 文件夹并将所有后缀为 `Java` 和 `class` 的文件移动到你的工作目录下的这个文件夹中。

❑ 用 `install.packages('Rserve')` 安装 Rserve。

❑ 用 `library(Rserve)` 载入包。

❑ 从 http://www.rforge.net/JRI/files/ 上下载 `JRI.jar`、`REngine.jar` 和 `JRIEngine.jar` 这三个 `jar` 包，从 http://www.rforge.net/Rserve/files/ 上下载 `Rserve-Engine.jar`。将这四个 JAR 文件复制到你的 R 工作目录中的 `lib` 文件夹中。

❑ 可以使用已提供的类文件或者通过 Java 代码来编译。这些类文件是用 JDK 1.8.0_25 创建的。如果你的 JDK 版本不同。请遵照下一步来编译所有的 Java 程序。

❑ 要编译已下载的 Java 程序，进入到 `javasamples` 文件夹中并执行 `javac -cp` `..:../lib/* *java`。你应该能看到与每一个下载的 Java 程序所对应的以 `class` 为后缀的类文件。

要怎么做

要通过 Rserve 从 Java 中调用 R 函数，请遵循如下步骤：

1）启动 Rserve 服务来接受客户端的连接。

```
> Rserve(args="--no-save")  - On Mac and Linux
> Rserve() - on windows
Rserv started in daemon mode.
```

2）执行 Java 程序，从 R 中绘制 ggplot 并显示图像。参考你存放 auto-mpg.csv 文件的 R 工作目录来修改调用时的参数：

```
java -cp ..:../lib/* javasamples.SimpleGGPlot /Users/sv/book/
Chapter11
```

工作原理

在步骤 1 中，我们从 R 中启动了 RServe 服务。如果这项服务已经在运行了，你会看到这样的消息：##> SOCK_ERROR: bind error #48(address already in use)。

你可以从系统层面上停止当前的 RServe 进程。我们也可以执行 R CMD Rserve 命令来启动一个 Rserve 守护进程。

Rserve 可以在本地运行或者在远程服务器上运行以便多用户访问。要访问一个远程的 Rserve 服务器，需要在创建 RConnection 时提供服务器的主机名或者 IP 地址。

在步骤 2 中，我们运行了 Java 程序 SimpleGGPlot。要从 Java 中连接到 RServe，我们将适当的 jars 添加到 classpath 中。因为我们是从 javasamples 文件夹中执行命令的，我们在 classpath 中添加了 .. 来指代父文件夹，那里存放着我们的库文件夹 lib。我们也将 auto- mpg.csv 所在的文件夹传递给命令，因为这个文件夹是我们的 R 工作目录。

我们现在来解释 SimpleGGPlot.java 中的代码：

❑ 我们在主方法中首先创建了一个 RConnection 对象。

❑ 我们在 RConnection 对象上调用了 eval 方法来执行命令。

❑ 这个 RConnection 对象抛出了 REngineException，因此我们添加了 try 和 catch 代码块来捕捉异常。

❑ 我们从 Java 中计算下列 R 函数的取值：

● 我们首先载入了 R 包 ggplot2。

● 我们用传递过来的参数在 R 中设定了工作目录。如果没有传递参数则会使用当前用户目录作为 R 工作目录。

● 我们用 read.csv 读取了 auto-mpg.csv 文件的内容。

- 我们打开了一个图形设备以便保存图像。然后用 ggplot 对 weight vs mpg 画图。
- 我们关闭了图像设备以刷新文件内容。
- 我们接着读取了文件中的二进制内容。
- 方法 eval 或 parseAndEval 的输出是 org.rosuda.REngine.REXP 对象，并且按照 REXP 内容的不同，可以执行 asString()、asBytes() 来抽取 R 的返回结果。在我们的 Java 代码中，我们用 asBytes() 来读取 REXP 对象 xp 中的二进制内容。

☐ 最后，我们在一个 JFrame 窗口中创建了图 11-1 所示的图像。

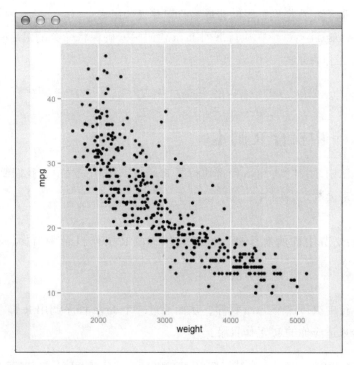

图　11-1

☐ 在用户关闭了 JFrame 图像窗口之后我们关闭了连接。

☐ 如果 RServe 没有运行，你会看到这样一条消息：

```
Exception in thread "main" org.rosuda.REngine.Rserve.
RserveException: Cannot connect: Connection refused".
```

更多细节

☐ 在 11.3 节中，我们展示了如何从 Java 中执行 R 函数并获取其返回值，这里我们展示了如何从 R 中获取数组并载入到 Java 中。

从 R 中取回一个数组

下列步骤可帮你从 R 中取回一个数组：

❑ 打开 Java 程序 `SimpleRservStat.java`：

- 我们实例化了一个新的 `RConnection` 对象。
- 我们将一个双精度 Java 数组赋值给一个 R 变量。
- 我们在 R 中计算这个数组的均值并在 Java 中打印出来。
- 我们接着计算了它的值域，由于 `range` 是一个数组，我们在方法返回的 `REXP` 对象上调用了 `asDoubles()` 方法。
- 然后，我们将双精度数组转化成字符串并打印出来。

❑ 从 `javasamples` 目录中执行下列 Java 代码——确保将命令的最后一部分替换成你自己的 R 工作目录：

```
java -cp ..:../lib/* javasamples.SimpleRservStat /Users/sv/book/
Chapter11
```

11.5　从 Java 中执行 R 脚本

在前面的方法中，我们从 Java 内部执行了 R 函数。在本方法中，我们要从 Java 中执行 R 脚本并将其结果读取到 Java 中以便后续操作。

准备就绪

确保完成 11.2 节中的所有步骤。同时确保你的 R 工作目录中有 `auto-mpg.csv` 和 `corr.R` 这两个文件。

要怎么做

从你的命令行中执行这个 Java 程序，从而通过一个 Java 程序调用 R 脚本。注意修改命令的最后一部分来适应你的 R 工作目录：

```
java -Djava.library.path=/Library/Frameworks/R.framework/Resources/
library/rJava/jri/ -cp ..:../lib/* javasamples.InvokeRScript mpg
weight /Users/sv/book/Chapter11
```

工作原理

我们执行了带有三个参数的 Java 程序 `InvokeScript`。前两个参数指出了要使用 `auto` 表中的哪些列来计算相关性，可选的第三个参数是用来存放 `auto-mpg.csv` 文件和 R 脚本的工作目录。

查看 `InvokeScript.java` 的代码：

❑ 在主方法中，我们首先创建了一个 Rengine 实例并检查了 R 会话是否被成功创建。

❑ 我们检查了是否有至少两个参数被传递给 Java 程序 InvokeScript，如果没有，我们会显示一条错误消息：

```
To execute, please provide 2 variable names from auto-mpg dataset.
```

❑ 如果参数数组的长度 args.length 等于 2，我们便知道用户没有提供 R 工作目录，因此我们将用户的当前目录作为工作目录并在 R 中设置好。

❑ 我们通过 assign 方法从参数中为两个变量 var1 和 var2 赋值。这些变量是在 R 环境中创建的。

❑ 我们接着调用了 eval 方法来执行 R 脚本 corr.R。

❑ 我们将结果存入一个 REXP 对象中。

❑ 我们在 REXP 对象上调用了 asDouble 方法来打印出值。

❑ 最后关闭 Rengine 对象来释放这个 R 会话。

现在让我们查看 R 脚本 corr.R：

❑ 将 auto-mpg.csv 文件的内容载入到 R 对象 auto 中。

❑ 执行函数 cor 计算作为参数传递给 Java 程序 InvokeScript 的两个变量的相关性。

11.6　使用 xlsx 包连接到 Excel

有很多包可以将 R 与 Excel 连接；在本方法中，我们讨论 xlsx 包。其他常见的包是 RExcel 和 XLConnect。

准备就绪

如果你还没有下载本章的数据文件，现在去下载并确保将它们放置在你的 R 工作目录中：

❑ 用 install.packages("xlsx") 安装 xlsx 包。

❑ 用 library(xlsx) 载入库。

❑ 读取数据：

```
> auto <- read.csv("auto-mpg.csv", stringsAsFactors=FALSE)
```

要怎么做

要通过 xlsx 包连接 Excel，请遵循如下步骤：

1）将数据框保存成 Excel 工作簿：

```
> write.xlsx(auto, file = "auto.xlsx", sheetName =
    "autobase", row.names = FALSE)
```

2）为 auto 数据框新增两列：

```
> auto$kmpg <- auto$mpg * 1.6
> auto$mpg_deviation <- (auto$mpg -
  mean(auto$mpg))/auto$mpg
```

3）创建 Excel 对象，比如工作簿、工作表、行、单元格：

```
> auto.wb <- createWorkbook()
> sheet1 <- createSheet(auto.wb,"auto1")
> rows <- createRow(sheet1, rowIndex=1)
> cell.1 <- createCell(rows, colIndex=1)[[1,1]]
> setCellValue(cell.1, "Hello Auto Data!")
> addDataFrame(auto, sheet1, startRow=3, row.names=FALSE)
```

4）为单元格添加样式：

```
> cs <- CellStyle(auto.wb) +
  Font(auto.wb, isBold=TRUE, color="red")
> setCellStyle(cell.1, cs)
> saveWorkbook(auto.wb,"auto_wb.xlsx")
```

5）为 Excel 工作簿添加一个工作表：

```
> wb <- loadWorkbook("auto_wb.xlsx")
> sheet2 <- createSheet(auto.wb,"auto2")
> addDataFrame(auto[,1:9], sheet2, row.names=FALSE)
> saveWorkbook(auto.wb, "auto_wb.xlsx")
```

6）为一个工作表添加一列并保存：

```
> wb <- loadWorkbook("auto_wb.xlsx")
> sheets <- getSheets(wb)
> sheet <- sheets[[2]]
> addDataFrame(auto[,10:11], sheet, startColumn=10, row.
names=FALSE)
> saveWorkbook(wb, "newauto.xlsx")
```

7）从 Excel 工作簿中读取数据：

```
> new.auto <- read.xlsx("newauto.xlsx", sheetIndex=2)
> head(new.auto)
> new.auto <- read.xlsx("newauto.xlsx", sheetName="auto2")
```

8）从 Excel 工作簿的一个指定区域中读取数据：

```
> sub.auto <- read.xlsx("newauto.xlsx",
sheetName="autobase", rowIndex=1:4, colIndex=1:9)
```

工作原理

在读取和保存工作簿时有很多选择。我们在这里看一些例子。

步骤1将 auto 数据框保存到一个新的名为 "autobase" 的工作表中并创建对应的 Excel 文件。如果我们没有在命令中包含 row.names=FALSE，则行号会显示在电子表格的第一列中。

步骤2为 auto 数据框添加了两列。第一个新列 kmpg 是每加仑公里数，第二个新列是关于 mpg 均值的偏差。我们在计算这两列时用到了向量操作。

步骤3展示了用下列函数来创建工作簿、工作表、行和单元格：

- ❑ createWorkbook：这会创建一个工作簿对象并返回对象的索引。
- ❑ createSheet：这会创建一个工作表，表名通过参数传递进去。如果没有提供表名则使用默认名 sheetx。
- ❑ createRow：这会在工作表中创建一行，用 rowIndex 来指定行号。
- ❑ createCell：这会在给定行的一个指定的列索引位置创建一个单元格。
- ❑ setCellValue：这会对指定的单元格赋值。
- ❑ addDataFrame：这会将一个数据框放入指定的工作表中。默认会包含 row.names，并且行列序号从1开始。然而你可以指定另外的行索引和列索引，并作为参数传递。在我们的例子中，我们用 startRow=3 因为我们保留了第一行作为抬头并在其下面保留了一个空白行。我们使用默认的列号1。

步骤4显示了如何为一个单元格设置样式。我们可以在创建行、列或添加数据框的同时添加样式。任何在 Excel 中可以完成的样式都可以在 R 中完成。这里在我们的例子中为抬头行的单元格添加了红色和加粗字体。

步骤5显示了如何添加一张表。我们使用 addDataFrame 来添加一个数据框。我们再一次使用了 row.names=FALSE 来排除行号这一列。由于我们没有指定 startRow，它默认取值为1。我们将包含这两张表的工作簿保存为 auto_wb.xlsx。

步骤6使用 addDataFrame 函数将一个数据框添加到工作表中。我们首先用 loadWorkbook 读取保存好的工作簿文件 auto.xlsx，并赋值给变量 wb。然后我们调用 getSheets 函数来得到这个工作簿中的所有工作表。这个 getSheets 函数返回一个数值，我们可以通过其索引来得到指定的表。因此 sheets[[2]] 返回这个工作簿中的第二个表。

我们将步骤2中创建的两列添加到表中，最后保存了这个工作簿。

步骤7显示了如何用 read.xlsx 直接从 Excel 文件读取数据。我们可以用 sheetIndex 或者 sheetName 来指定某个表。属性 sheetIndex 从1开始计数。

步骤8显示了如何从 Excel 表格的一个指定区域中载入数据。属性 rowIndex 被设置成 1 : 4，因此我们抽取除了抬头行和前三个数据行。

11.7　从关系型数据库——MySQL 中读取数据

你可以用几种不同的手段连接到关系型数据库。

RODBC 包提供了通过 ODBC（开放式数据库连接）接口来访问绝大多数关系型数据库的功能。RJDBC 包提供了通过 JDBC 接口来访问数据库的功能，因此需要 Java 环境。

还有一些包，比如 ROracle、RMySQL 等，可以提供连接到特定的关系型数据库的功能。

上述各种包的运行方式各异，也有着不同的要求。你应该测试并选择最适合你的特定需求的包。通常情况下，RJDBC 效率较差，因此你也许更倾向于选择 RODBC 或者你的数据库专属包。在本方法中，我们描述了连接 MySQL 数据库的步骤。

准备就绪

首先创建要使用的数据框，如下：

```
> customer <- c("John", "Peter", "Jane")
> orddt <- as.Date(c('2014-10-1','2014-1-2','2014-7-6'))
> ordamt <- c(280, 100.50, 40.25)
> order <- data.frame(customer,orddt,ordamt)
```

接着安装 MySQL 服务并创建一个名为 Customer 的数据库。

要使用 RODBC 包：

1）下载并安装与你的操作系统对应的 MySQL Connector/ODBC。

2）在 ODBC 配置管理中选择与你的平台相适应的正确驱动，从而创建一个名为 order_dsn 的 DSN。

3）在 R 中执行 install.packages("RODBC").

要使用 RJDBC 包：

1）下载并安装与你的操作系统对应的 MySQL Connector/J。

2）安装 Java 运行库并设置好环境变量 JAVA_HOME。

3）在 R 中执行 install.packages("RJDBC").

要使用 RMySQL 包：

1）下载并安装与你的操作系统对应的 MySQL Connector/J。

2）创建一个环境变量 MYSQL_HOME 指向 MySQL 的安装文件夹。

3）仅针对 Windows 系统：将 MySQL 安装位置中的 lib 目录中的 libmysql.dll 复制到 bin 目录中。

4）在 R 中执行 install.packages("RMySQL").

要怎么做

我们展示如何通过之前的每一个包连接到数据库。

1. 使用 RODBC

要使用 RODBC 包来连接到数据库，请遵循如下步骤：

1）载入 RODBC 库并创建一个连接对象：

```
> library(RODBC)
> con <- odbcConnect("order_dsn", uid="user", pwd="pwd")
```

2）将 order 对象保存在数据库的一张表中：

```
> sqlSave(con,order, "orders",append=FALSE)
```

3）从数据库表中获取所有 orders 信息：

```
> custData <- sqlQuery(con, "select * from orders")
```

4）关闭连接：

```
> close(con)
```

2. 使用 RMySQL

要使用 RMySQL 包来连接到数据库，请遵循如下步骤：

1）载入 RMySQL 库并创建一个连接对象：

```
> library(RMySQL)
> con <- dbConnect("MySQL", dbname="Customer",
    host="127.0.0.1", port=8889, username="root",
    password="root")
```

2）将 order 对象保存在数据库的一张表中：

```
> dbWriteTable(con,"orders", order)
```

3）从数据库表中获取所有 orders 信息：

```
> dbReadTable(con,"Orders")
> dbGetQuery(con,"select * from orders")
```

4）用一个循环来获取数据库表中的所有 orders 信息：

```
> rs <- dbSendQuery(con, "select * from orders")
> while(!dbHasCompleted(rs)) {
  fetch(rs,n=2)
  }
```

```
> dbClearResult(rs)
> dbDisconnect(con)
> dbListConnections(dbDriver("MySQL"))
```

3. 使用 RJDBC

要使用 RJDBC 包来连接到数据库，请遵循如下步骤：

1）载入 RJDBC 库并创建一个连接对象。确保指向所下载的 .jar 文件的正确位置：

```
> library(RJDBC)
> driver <- JDBC("com.mysql.jdbc.Driver",
  classpath=
  "/etc/jdbc/mysql-connector-java-5.1.34-bin.jar", "'")
> con <- dbConnect(driver, "jdbc:mysql://host:port/Customer"
  , "username","password")
```

2）其余操作与使用 RMySQL 的操作完全一样。

工作原理

前述代码首先创建了一个三行的名为 order 的数据框，然后用各种方法连接到一个 MySQL 数据库。

1. 使用 RODBC

在这个方法中我们执行了下列命令：

```
> con <- odbcConnect("cust_dsn", uid="user", pwd="pwd")
```

变量 con 现在连接到与数据框相关的 DSN。所有后续的数据库操作都将调用这个连接对象。当完成所有数据库操作之后，我们会关闭这个连接。

尽管通常不会从 R 中为数据库创建表或者插入数据，我们也同样展示了这种做法。函数 sqlSave 将 R 数据对象中的数据保存到指定的表中。我们使用了 append=FALSE，因为当前并不存在这张表，所以我们希望 R 先创建它然后再插入数据。如果表已经存在了，你可以使用 append=TRUE。

函数 sqlQuery 执行了所提供的查询并以一个数据框的形式返回结果。

2. 使用 RMySQL

RMySQL 包使用环境变量 MYSQL_HOME 来获取所需要的库：

```
> dbWriteTable(con, "orders", order)
```

函数 dbWriteTable 将记录插入列表中。如果表不存在，则它会创建这张表。默认情况下，数据框的 row.names 会作为一列插入列表中；当你不需要它时，记得将其设定为 FALSE：

```
> dbReadTable(con,"Orders")
```

函数 dbReadTable 读取表并创建一个数据框：

```
> dbGetQuery(con,"select * from orders")
```

函数 dbGetQuery 执行查询并以一个数据框的形式返回结果。当一张表很大时，最好使用 dbSendQuery 和 fetch 得到所需要的结果：

```
> rs <- dbSendQuery(con, "select * from orders")
> while(!dbHasCompleted(rs)) {
+     fetch(rs,n=2)
+ }
> dbClearResult(rs)
> dbDisconnect(con)
```

函数 dbSendQuery 返回 rs，一个结果集对象。当你对这个对象做取回操作时，由于 n=2，所以它从数据库中返回了两条记录。当使用 dbSendQuery 时，使用循环直到 dbHasCompleted 为真通常是个好主意。记得用 dbClearResult 清除指针并用 dbDisconnect 关闭连接：

```
> dbListConnections(dbDriver("MySQL"))
```

函数 dbListConnections 列出了所有开放的连接。

3. 使用 RJDBC

通过 JDBC 我们可以连接到任何类型的数据库。因此，我们需要告诉 R 使用哪种驱动。一旦在 R 中选定了驱动，接下来我们便可以通过合适的 .jar 文件创建到数据库的连接。

当连接到一个 MySQL 数据库之后，所有获取连接对象的命令都与 RMySQL 场景下一致。

更多细节

数据库专属包提供了很多功能，绝大多数能用 SQL 客户端完成的任务也可以在 R 环境下完成。下面我们给出一些例子。

1. 获取行

下列命令可用来获取所有行：

```
> fetch(rs,n=-1)
```

使用 n=-1 来获取所有行。

2. 当 SQL 查询语句很长时

当 SQL 查询语句很长时，写一个横跨多行的单条长语句是很笨重的。可以将整条查询语句分为几行并用 paste() 函数连接它们，这样更易读：

```
> dbSendQuery(con, statement=paste(
    "select ordernumber, orderdate, customername",
    "from orders o, customers c",
    "where o.customer = c.customer",
    "and c.state = 'NJ'",
    "ORDER BY ordernumber"))
```

 提示　注意，这里用单引号作为字面意义上的引号。

11.8　从非关系型数据库——MongoDB 中读取数据

与关系型数据库具有普适的标准流程所不同的是，NoSQL 数据库的流行结构意味着没有成熟的标准化方法。我们将通过 rmongodb 包操作 MongoDB 数据库来举例说明。

准备就绪

通过以下步骤准备好环境：

1）下载并安装 MongoDB。

2）从后台启动 mongod 并启动 mongo。

3）创建一个名为 customer 的新数据库以及一组名为 orders 的集合：

```
> use customer
> db.orders.save({customername:"John",
    orderdate:ISODate("2014-11-01"),orderamount:1000})
> db.orders.find()
> db.save
```

要怎么做

要从 MongoDB 读取数据，请遵循如下步骤：

1）安装 rmongodb 包并创建一个连接：

```
> install.packages("rmongodb")
> library(rmongodb)
> mongo <- mongo.create()
> mongo.create(host = "127.0.0.1", db = "customer")
> mongo.is.connected(mongo)
```

2）获取 MongoDB 数据库中的所有集合：

```
> coll<- mongo.get.database.collections(mongo,"customer")
```

3）找到所有符合的记录：

```
> json <- "{\"orderamount\":{\"$lte\":25000},
    \"orderamount\":{\"$gte\":1000}}"
> dat <- mongo.find.all(mongo,coll,json)
```

工作原理

函数 `mongo_create` 创建了一个 mongo 会话。如果没有传递任何参数，它会通过端口 27017 连接到本地的服务，mongod 运行在这个端口。

用 `mongo.is.connected(mongo)` 以确保 R 有一个合法的 mongo 会话。

函数 `mongo.get.database.collections` 列出了数据库中的所有集合。

函数 `mongo.find.all` 列出了连接中的所有行。通过传递一个合法的 JSON 对象，这个查询结果会被这个 JSON 对象所限定。如果没有传递任何 JSON 对象，则返回所有行。R 会用返回值创建一个数据框。

更多细节

NoSQL 环境的流动性以及 MongoDB 的崭新特性都意味着 `rmongodb` 包会频繁改动。你应该更新你的 R 环境中的 `rmongodb` 包来获取最新的提升。你应该在使用前考虑 JSON 表达式的合法性。

验证你的 JSON

由于符号比较特殊，在 R 中创建 JSON 结果会比较复杂。请使用 `validate()` 函数来确保 JSON 结构中没有错误：

```
> library(jsonlite)
> json <- "{\"orderamount\":{\"$lte\":25000},
    \"orderamount\":{\"$gte\":1500}}"
> validate(json)
```

推荐阅读

数据挖掘与R语言

作者: Luis Torgo ISBN: 978-7-111-40700-3 定价: 49.00元

R语言编程艺术

作者: Norman Matloff ISBN: 978-7-111-42314-0 定价: 69.00元

R语言与网站分析

作者: 李明 ISBN: 978-7-111-45971-2 定价: 79.00元

R语言经典实例

作者: Paul Teetor ISBN: 978-7-111-42021-7 定价: 79.00元

R语言与数据挖掘最佳实践和经典案例

作者: Yanchang Zhao ISBN: 978-7-111-47541-5 定价: 49.00元

R的极客理想——工具篇

作者: 张丹 ISBN: 978-7-111-47507-1 定价: 59.00元